计算机基础项目化教程

Windows 7＋Office 2010

主　审　方东傅

主　编　周柏清　郭长庚　李　娜

浙江大学出版社

图书在版编目（CIP）数据

计算机基础项目化教程：Windows 7＋Office 2010 / 周柏清，郭长庚，李娜主编. —杭州：浙江大学出版社，2011.9（2019.11 重印）

ISBN 978-7-308-09109-1

Ⅰ.①计⋯ Ⅱ.①周⋯②郭⋯③李⋯ Ⅲ.电子计算机—教材②Windows 操作系统—教材③办公自动化—应用软件，Office 2010—教材 Ⅳ.TP3

中国版本图书馆 CIP 数据核字（2011）第 187508 号

计算机基础项目化教程：Windows 7＋Office 2010

周柏清 郭长庚 李 娜 主编

责任编辑	吴昌雷	
封面设计	俞亚彤	
出版发行	浙江大学出版社	
	（杭州市天目山路 148 号 邮政编码 310007）	
	（网址：http://www.zjupress.com）	
排　版	杭州中大图文设计有限公司	
印　刷	杭州杭新印务有限公司	
开　本	787mm×1092mm　1/16	
印　张	11.5	
字　数	287 千	
版印次	2011 年 9 月第 1 版　2019 年 11 月第 10 次印刷	
书　号	ISBN 978-7-308-09109-1	
定　价	35.00 元	

前　言

本书是为高职高专院校学生量身定做的计算机基础的项目化课程教材,在 Windows 7 操作平台下应用 Office 2010 办公软件。各知识模块以项目化的形式有机地组织,其中部分高级应用的内容以 * 标注,供不同层次的使用者选用。

本教材特色如下。

任务引领:本教材以精心设计的整体项目为载体,将大纲的知识点融入到各项目的任务中,每个项目又分解为多个模块。

实践性强:本教材以"理论够用、突出实践"和"精讲多练"为原则,内容的组织极富操作性、强调实践知识。

便于自学:本教材每个项目都有详细的操作步骤和操作截图,且在截图上圈出了操作提示,简单易懂,使用者可在较短的学时内掌握知识点和操作技能。

资源丰富:本教材有配套的电子教学资源(如教学课件、教学计划、教案、各项目及完成的项目)和练习题库供下载。

为了加强计算机等级考试的指导,我们还出版了与本教材配套的辅导教材。

本教材由长期担任计算机基础教学、教学经验丰富的一线计算机教师编写完成。周柏清、郭长庚、李娜担任主编,参与本书编写的还有朱锦晶、项中华、张现龙、王丛林。

本教材由方东傅老师担任主审,在审定过程中提出了许多宝贵修改意见,在此表示衷心感谢。

尽管编制过程中我们已在学生中试用并取得良好成效,但限于水平与经验,本书还需不断改进,恳请广大读者批评指正。

编　者
2011 年 6 月 10 日

目　　录

认识个人计算机

教学目标

能力目标

- 能配置一台个人多媒体计算机。
- 能合理选购配件并完成计算机的组装。
- 能给组装好的多媒体计算机安装操作系统及应用软件。

知识目标

- 了解计算机的发展历史。
- 掌握计算机的系统组成。
- 掌握计算机的信息编码及进位计数。
- 熟悉计算机信息的安全及防范。

1.1 计算机的发展与应用

任务分析

　　掌握计算机的发展及应用,并通过书籍介绍、网络查询等获得计算机相关资料,形成一份有关计算机发展及应用的调研报告。

1.1.1 计算机概述

1.计算机发展简史

　　1946 年 2 月 15 日,第一台电子计算机 ENIAC(Electronic Numerical Integrator and Calculator,电子数字积分计算机)在美国宾夕法尼亚大学诞生了。ENIAC 是为计算弹道和射击表而设计的,主要元件是电子管,每秒钟能完成 5000 次加法、300 多次乘法运算,比当时最快的计算工具快 300 倍。

　　计算机技术以前所未有的速度迅猛发展,经历了大型机、微型机及网络阶段的发展历程。

　　对于传统的大型机,通常根据计算机所采用的电子元件不同而划分为电子管、晶体管、集成电路和大规模超大规模集成电路等四代。

　　第一代计算机(1946—1958 年)是电子管计算机。第二代计算机(1958—1964 年)是晶体管计算机。第三代计算机(1965—1971 年)的主要元件采用小规模集成电路(Small Scale Inte-grated Circuits,SSI)和中规模集成电路(MSI——Medium Scale Integrated Circuits,MSI)。第四代计算机(1971 年至今)的主要元件是采用大规模集成电路(LSI)和超大规模集成电路(VLSI)。

计算机的发展可归纳为表1.1。

表 1.1　计算机的发展历程

	基本元件	运算速度	内存储器	外存储器	相应软件	应用领域
第一代计算机	电子管	几千~几万次/秒	水银延迟线	卡片、磁带、磁鼓等	机器语言程序	主要用于军事领域
第二代计算机	晶体管	几十万次/秒	磁芯	磁盘、磁带	监控程序、高级语言	科学计算、数据处理、事务处理
第三代计算机	中、小规模集成电路	几十万~几百万次/秒	磁芯	磁盘、磁带	分时操作系统、结构化程序设计	各种领域
第四代计算机	大、超大规模集成电路	几百万次~上亿次/秒	半导体存储器	磁盘、光盘等	多种多样	各种领域

2. 计算机的分类

计算机按处理的数据分类可分为数字计算机、模拟计算机和混合计算机；按使用范围分类可分为通用计算机和专用计算机；按性能分类可以将计算机分为巨型计算机、大型计算机、小型计算机、微型计算机和工作站 5 类。

按性能分类是最常规的分类方法，所依据的性能主要包括：存储容量，就是能记忆的数据量；运算速度，处理数据的速度；允许同时使用一台计算机的用户数和价格等。

3. 计算机的主要技术指标

计算机的性能涉及体系结构、软硬件配置、指令系统等多种因素，一般说来主要有下列技术指标。

(1)字长。字长是指计算机运算部件一次能同时处理的二进制数据的位数。字长越长，计算机的运算精度就越高，数据处理能力就越强。通常，字长总是 8 的整倍数，如 8、16、32、64 位等。

(2)计算速度。计算机的速度可用时钟频率和运算速度两个指标评价。时钟频率也称主频，它的高低在一定程度上决定了处理速度的高低。主频以兆赫兹(MHz)为单位，目前已达到 3GHz 了。计算机的运算速度指每秒钟所能执行加法指令数目，常用百万次/秒(Million Instructions per Second,MIPS)来表示。该指标能直观地反映计算机的速度，但不常用。

(3)存储容量。存储容量包括主存容量和辅存容量，主要指内存储器的容量。显然，内存容量越大，机器所能运行的程序就越大，处理能力就越强。尤其是当前微机应用多涉及图像信息处理，要求存储容量会越来越大，甚至没有足够大的内存容量就无法运行某些软件。此外，指令系统、性能价格比也都是计算机的技术指标。

4. 数据的单位

(1)位。计算机中，最小的数据容量单位是二进制的一个数位，简称"位"。计算机对数据的最基本操作就是对位的操作，位是计算机中最小的数据单位。

（2）字节。字节是计算机中存储数据的最基本单位,1 个字节可存储 8 位二进制数,计为 1B,即 1B=8bit。字节是计算机中的基本信息单位。1TB=1024GB=1024×1024MB=1024 ×1024×1024KB=1024×1024×1024×1024B。

1.1.2　计算机的应用

目前,计算机的应用可概括为以下几个方面。

（1）科学计算（或称数值计算）。早期的计算机主要用于科学计算。目前,科学计算仍然是计算机应用的一个重要领域,如高能物理、工程设计、地震预测、气象预报、航天技术等。由于计算机具有高运算速度和精度,以及逻辑判断能力,因此出现了计算力学、计算物理、计算化学、生物控制论等新的学科。

（2）过程检测与控制。利用计算机自动检测工业生产过程中的信号,并把检测到的数据存入计算机,再根据需要对这些数据进行处理,这样的系统称为计算机检测系统。计算机技术应用于仪器后,形成了智能化仪器仪表,这将工业自动化推向了一个更高的水平。

（3）信息管理（数据处理）。信息管理是目前计算机应用最广泛的一个领域,利用计算机来加工、管理与操作任何形式的数据资料,如企业管理、物资管理、报表统计、账目计算、信息情报检索等。近年来,国内许多机构纷纷建立自己的管理信息系统（MIS）;生产企业也开始采用制造资源规划软件（MRP）,商业流通领域则逐步使用电子信息交换系统（EDI）,即所谓无纸贸易。

（4）计算机辅助系统。

①计算机辅助设计（CAD）,是指利用计算机来帮助设计人员进行工程设计,以提高设计工作的自动化程度,节省人力和物力。目前,此技术已经在电路、机械、土木建筑、服装等设计中得到了广泛的应用。

②计算机辅助制造（CAM）,是指利用计算机进行生产设备的管理、控制与操作,从而提高产品质量、降低生产成本、缩短生产周期,并且还大大改善了制造人员的工作条件。

③计算机辅助测试（CAT）,是指利用计算机进行复杂而大量的测试工作。

④计算机辅助教学（CAI）,是指利用计算机帮助教师讲授课程和帮助学生学习的自动化系统,使学生能够轻松自如地从中学到所需要的知识。

1.2　个人计算机系统的组成

任务分析

本节主要掌握计算机的系统组成,学会个人计算机的软、硬件组成,在网上查找个人计算机的硬件组成,拟定个人计算机装机配置单。

1.2.1　计算机硬件系统

计算机系统由硬件系统和软件系统两大部分组成,如图 1.1 所示。

硬件是指肉眼看得见的机器部件。通常我们可以看到,计算机有一个机箱,内含是各种各样的电子元件,还有键盘、鼠标、显示器和打印机等,它们是计算机工作的物质基础。不同种类的计算机硬件组成各不相同,但无论什么类型的计算机,都可以将其硬件划分为功能相近的几大部分。

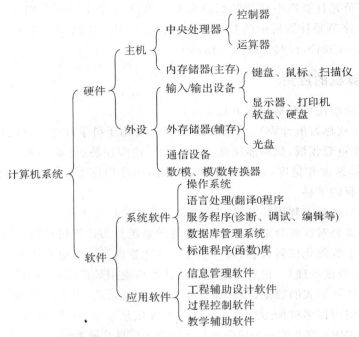

图 1.1　计算机系统的组成示意图

计算机系统的基本结构有冯·诺依曼型机和微型机两种，其基本原理如下。

1.冯·诺依曼型机的基本结构

1944 年 8 月，美籍匈牙利数学家冯·诺依曼（Von Neumann）与美国宾夕法尼亚大学莫尔电气工程学院的莫奇利小组合作，在他们研制的 ENIAC 的基础上提出了一个全新的存储程序、程序控制的通用电子计算机的方案——EDVAC 计算机方案。冯·诺依曼在方案中总结并提出了如下 3 条思想。

(1)计算机的基本结构。计算机硬件应具有运算器、控制器、存储器、输入设备和输出设备等 5 个基本功能部件，如图 1.2 所示。图中，空心双箭头表示数据信号流向，实心单线箭头表示控制信号流向。

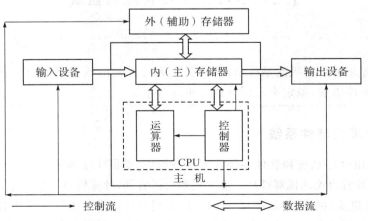

图 1.2　5 个基本功能部件的相互关系

（2）采用二进制。在计算机中，程序和数据都用二进制代码表示。二进制只有"0"和"1"两个数码，它既便于硬件的物理实现又有简单的运算规则，故可简化计算机结构，提高可靠性和运算速度。

（3）存储程序。所谓存储程序，就是把程序（处理问题的算法）和处理问题所需的数据均以二进制编码的形式预先按一定顺序存放到计算机的存储器里。计算机运行时，依次从存储器里逐条取出指令，执行一系列的基本操作，最后完成一个复杂的运算。这一切工作都是由控制器和运算器共同完成的，这就是存储程序、程序控制的工作原理。

冯·诺依曼的上述思想奠定了现代计算机构造的基础，所以人们将采用这种设计思想的计算机称为冯·诺依曼型计算机。

2. 微型机硬件的基本结构

微型机的结构遵循冯·诺依曼型计算机的基本思想。但随着集成电路制作工艺的不断进步，出现了大规模集成电路和超大规模集成电路，可以把计算机的核心部件运算器和控制器集成在一块集成电路芯片内。通常，含有运算器和控制器的集成电路被称为微处理器（Central Processing Unit，CPU）。所以，一般微机采用如图 1.3 所示的典型结构。它们由微处理器、存储器和输入/输出接口等集成电路组成，各部分之间通过总线连接，并实现信息交换。

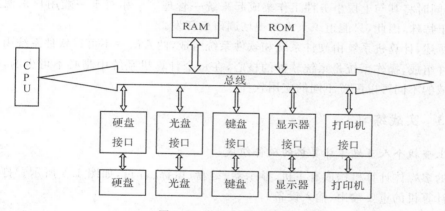

图 1.3 微机典型结构图

1.2.2 计算机软件系统

软件是指为方便用户使用计算机和提高计算机使用效率而组织的程序和数据，以及用于开发、使用和维护的有关文档的集合。软件可分为系统软件和应用软件两大类。

1. 系统软件

系统软件是控制计算机系统并协调管理软硬件资源的程序，其主要功能包括：启动计算机，存储、加载和执行应用程序，对文件进行排序、检索，将程序语言翻译成机器语言等。

（1）操作系统。利用计算机完成各种各样的任务就必须借助相应的软件，而大部分软件需要一个运行程序的平台，这个平台就称为操作系统。常见的操作系统有 Windows、Linux 和 Unix。操作系统的种类繁多，按其功能和特性可分为批处理操作系统、分时操作系统和实时操作系统等；按同时管理用户的数量分为单用户操作系统、多用户操作系统和适合管理计算机网络环境的网络操作系统。

（2）服务程序。服务程序能够提供一些常用的服务功能，它们为用户开发程序和使用计算机提供了方便，如微机上经常使用的诊断程序、调试程序。

（3）数据库系统。在信息社会里，人们的社会和生产活动产生海量的信息，以至于人工管理难以应付，希望借助计算机对信息进行搜集、存储、处理和使用。数据库系统（DataBase System，DBS）就是在这种需求背景下产生和发展的。

2. 应用软件

为解决各类实际问题而设计的程序称为应用软件。根据应用软件服务对象，又可分为通用软件和专用软件两类。

（1）通用软件。这类软件通常是为解决某一类问题而设计的，而这类问题是很多人都要遇到和使用的。例如：①文字处理软件，用计算机撰写文章、书信、公文并进行编辑、修改、排版和保存的过程称为文字处理；②电子表格，可用来记录数值数据，可以很方便地对其进行常规计算。像文字处理软件一样，电子表格也有许多比传统账簿和计算工具先进的功能，如快速计算、自动统计、自动造表等。

（2）专用软件。通用软件可以在市场上买到，但有些具有特殊要求的软件是无法买到的。例如，某个用户希望对其单位保密档案进行管理，另一个用户希望有一个程序能自动控制车间里的车床，同时将其与上层事务性工作集成起来统一管理等。相对于一般用户来说这些软件的需求过于特殊，因此，只能组织人力到现场调研后开发。

综上所述，计算机系统由硬件系统和软件系统组成，两者缺一不可。软件系统由系统软件和应用软件组成，操作系统是系统软件的核心，在每个计算机系统中是必不可少的，根据各用户应用领域的不同可以配置不同的应用软件。

1.2.3　实战练习

1. 网上查找个人多媒体计算机的硬件组成

常见的多媒体计算机构成有主机、显示器、键盘、鼠标、音箱，如图 1.4 所示。打印机和扫描仪也是计算机的重要输出、输入设备。

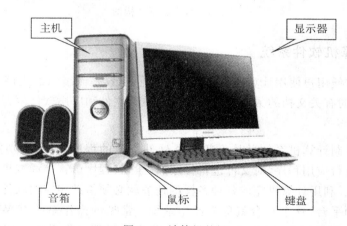

图 1.4　计算机整机

2.个人计算机配置单拟定

(1)计算机配置清单如表 1.2 所示。

表 1.2　个人用计算机配置清单(参考)

配件名称	产品型号	数量
中央处理器(CPU)	Intel 酷睿 2 双核 E7300	1
主板	微星 P43 Neo-F	1
内存	金士顿 2GB DDR2 800	2
显卡	影驰 9800GTX$^+$上将版	1
硬盘	希捷 320G 7200.11 16M(串口/5 年盒)	1
显示器	长城 L228 22 英寸①	1
光驱	华硕 DRW－20B1S(DVD 读写)	1
机箱电源	金河田机箱＋电源	1
键盘鼠标	罗技光电套件	1
音箱	漫步者 2.1	1

(2)主要部件说明如下。

● CPU,Intel 酷睿 2 双核 E7300。E7300 采用 45nm 技术,主频 2.66GHz,总线频率 1066MHz,盒装自带原装风扇。

● 主板,微星 P43 Neo-F。这 DIY 玩家熟知的品牌,以其做工精湛、经济实惠闻名。这款主板采用 Intel P43 芯片组,总线频率 FSB 1600(OC)MHz,支持双通道 DDR2 667/800/1066 (OC)内存,最大支持 16GB,可以很好地发挥 E7300 的性能。

● 内存,金士顿 1GB DDR2 800X2。由于主板支持双通道,因此选用 2 根 800 频率 2G 内存组成双信道。

● 硬盘。希捷 320G 7200.11 16M(串口/5 年盒),容量能满足用户的需求。

● 显卡。影驰 9800GTX$^+$上将版。由于组建的是 Intel 平台,因此采用 N 卡较好。这款显卡采用 55nm 技术,核心频率 738MHz,显存频率 2200MHz,采用 0.8ns GDDR3 显存颗粒 512MB 显存,显存位宽 256bit。

● 机箱。机箱的选择最好还是实地考察后再购买。

● 显示器,长城 L228。这款 22 英寸液晶显示屏最佳分辨率为 1680×1050,亮度 350cd/m²,对比度 10000：1(动态),灰阶响应时间 2ms,功耗 36W,性价比高。

---

① 1 英寸＝2.54 厘米。

1.3　计算机的进位计数

任务分析

　　本节主要掌握计算机的进位计数，熟悉各种进位计数制的概念，并学会不同数制之间的转换。

1.3.1　计算机的数制

1. 数制的基本概念

人们在生产实践和日常生活中创造了多种表示数的方法，这些数的表示规则称为数制。

（1）十进制计数制。

十进制计数制的加法规则是"逢十进一"。任意一个十进制数值都可用0、1、2、3、4、5、6、7、8、9共10个数字符号组成的字符串来表示，这些数字符号称为数码；数码处于不同的位置（数位）代表不同的数值。例如，918.17中，第一个数码9处于百位数，代表900；第二个数码1处于十位数，代表10；第三个数码8处于个位数，代表8；第四个数码1处于十分位代表1/10；第五个数码7处于百分位，代表7%。也就是说，十进制数918.17可以写成：$918.17 = 9 \times 10^2 + 1 \times 10^1 + 8 \times 10^0 + 1 \times 10^{-1} + 7 \times 10^{-2}$。该式称为数值的按权展开式，其中$10^i$（$10^2$对应百位，$10^1$对应十位，$10^0$对应个位，$10^{-1}$对应十分位，$10^{-2}$对应百分位）称为十进制数位的位权，10称为基数。

（2）R进制计数制。

从对十进制计数制的分析可以得出，任意R进制计数制同样有基数R、位权和按权展开表示式。其中R可以为任意正整数，如二进制的R为2，十六进制R为16等。

● 基数（Radix）。一个计数制所包含的数字符号的个数称为该数制的基数，用R表示。①十进制（Decimal）：任意一个十进制数可用0、1、2、3、4、5、6、7、8、9共10个数字符号表示，基数R＝10。②二进制（Binary）：任意一个二进制数可用0、1共2个数字符号表示，基数R＝2。③八进制（Octal）：任意一个八进制数可用0、1、2、3、4、5、6、7共8个数字符号表示，它的基数R＝8。④十六进制（Hexadecimal）：任意一个十六进制数可用0、1、2、3、4、5、6、7、8、9、A、B、C、D、E、F共16个数字符号表示，基数R＝16。为区分不同数制的数，记作$(N)_R$，如$(1010)_2$、$(703)_8$、$(AE05)_{16}$。不用括号及下标的数，默认为十进制数，如256。也可以在一个数的后面加上字母D（十进制）、B（二进制）、O（八进制）、H（十六进制）来表示数的进位制，如1010B表示二进制数1010，AE05H表示十六进制数AE05。

● 位权。任何一个R进制数都是由一串数码表示的，其中每一位数码所表示的实际值大小，除数字本身的数值外，还与它所处的位置相关。该位置上的基准值就称为位权（或称位值）。位权用基数R的i次幂表示。对于R进制数，小数点前第1位的位权为R^0，小数点前第2位的位权为R^1，小数点后第1位的位权为R^{-1}，小数点后第2位的位权为R^{-2}，依次类推。对于任一R进制数，其最右边数码的位权最小，最左边数码的位权最大。

● 数的按位权展开。类似十进制数值的表示，任一R进制数的值都可表示为各位数码本身的值与其所在位位权的乘积之和。例如，十进制数256.16的按位权展开为：

$$256.16 = 2 \times 10^2 + 5 \times 10^1 + 6 \times 10^0 + 1 \times 10^{-1} + 6 \times 10^{-2}$$

二进制数 101.01 的按位权展开为：

$$101.01 = 1 \times 2^2 + 0 \times 2^1 + 1 \times 2^0 + 0 \times 2^{-1} + 1 \times 2^{-2}$$

八进制数 307.4 的按位权展开为：

$$307.4 = 3 \times 8^2 + 0 \times 8^1 + 7 \times 8^0 + 4 \times 8^{-1}$$

十六进制数 F2B 的按位权展开为：

$$F2B = 15 \times 16^2 + 2 \times 16^1 + 11 \times 16^0$$

(3)常用的几类进制数。

● 十进制。基数为 10，即"逢十进一"。它含有 10 个数字符号：0、1、2、3、4、5、6、7、8、9。位权为 $10^i (i = -m \sim n-1$，其中 m、n 为自然数)。

● 二进制。基数为 2，即"逢二进一"。它含有两个数字符号：0、1。位权为 $2^i (i = -m \sim n-1$，其中 m、n 为自然数)。二进制是计算机中采用的数制。但是，二进制的明显缺点是数字冗长书写量过大，容易出错，不便阅读。所以，在计算机技术文献的书写中，常用八进制或十六进制数表示。

● 八进制。基数为 8，即"逢八进一"。它含有 8 个数字符号：0、1、2、3、4、5、6、7。位权为 8^i $(i = -m \sim n-1$，其中 m、n 为自然数)。

● 十六进制。基数 R 为 16，即"逢十六进一"。它含有 16 个数字符号：0、1、2、3、4、5、6、7、8、9、A、B、C、D、E、F，其中 A、B、C、D、E、F 分别表示十进制数 10、11、12、13、14、15。位权为 $16^i (i = -m \sim n-1$，其中 m、n 为自然数)。

应当指出，二、八、十和十六进制都是计算机中常用的数制，所以在一定数值范围内直接写出它们之间的对应表示，也是经常遇到的。表 1.3 为 0～15 这 16 个十进制数与其他 3 种数制的对应关系。

表 1.3　各数制之间的对应关系

十进制	二进制	八进制	十六进制
0	0000	0	0
1	0001	1	1
2	0010	2	2
3	0011	3	3
4	0100	4	4
5	0101	5	5
6	0110	6	6
7	0111	7	7
8	1000	10	8
9	1001	11	9
10	1010	12	A
11	1011	13	B
12	1100	14	C
13	1101	15	D
14	1110	16	E
15	1111	17	F

1.3.2　各种数制间的转换

对于各种数制间的转换，重点要求掌握二进制整数与十进制整数之间的转换。

1. 非十进制数转换成十进制数

利用按位权展开的方法，可以把任意数制的一个数转换成十进制数。

【例 1-1】 将二进制数 1101.101 转换成十进制数。

$$(1101.101)_2 = 1 \times 2^3 + 1 \times 2^2 + 0 \times 2^1 + 1 \times 2^0 + 1 \times 2^{-1} + 0 \times 2^{-2} + 1 \times 2^{-3}$$
$$= 8 + 4 + 0 + 1 + 0.5 + 0 + 0.125$$
$$= 13.625$$

【例 1-2】 将二进制数 1110101 转换成十进制数。

$$(1110101)_2 = 1 \times 2^6 + 1 \times 2^5 + 1 \times 2^4 + 0 \times 2^3 + 1 \times 2^2 + 0 \times 2^1 + 1 \times 2^0$$
$$= 64 + 32 + 16 + 4 + 1$$
$$= 117$$

【例 1-3】 将八进制数 777 转换成十进制数。

$$(778)_8 = 7 \times 8^2 + 7 \times 8^1 + 8 \times 8^0 = 448 + 56 + 8 = 512$$

【例 1-4】 将十六进制数 BA 转换成十进制数。

$$(BF)_{16} = 11 \times 16^1 + 16 \times 16^0 = 176 + 16 = 192$$

只要掌握了数制的概念，那么将任一 R 进制数转换成十进制数只要将此数按位权展开即可。

2. 十进制数转换成二进制数

通常，一个十进制数包含整数和小数两部分，将十进制数转换成二进制数时，对整数部分和小数部分的处理方法不同。

(1)把十进制整数转换成二进制整数，采用"除二取余"法。把十进制整数除以 2 得一个商数和一个余数；再将所得的商数除以 2，又得到一个新的商数和余数；这样不断地用 2 去除所得的商数，直到商等于 0 为止。每次相除所得的余数便是对应的二进制整数的各位数码。第一次得到的余数为最低有效位，最后一次得到的余数为最高有效位。可以理解为：除 2 取余，自下而上。

【例 1-5】 将十进制整数 215 转换成二进制整数。

```
2 ⟌ 215          1   最低有效位
    2 ⟌ 107        1
        2 ⟌ 53      1
            2 ⟌ 26    0
                2 ⟌ 13  1
                    2 ⟌ 6  0
                        2 ⟌ 3  1
                            2 ⟌ 1  1   最高有效位
                                0
```

$$(215)_{10} = (11010111)_2$$

（2）把十进制小数转换成二进制小数，采用"乘 2 取整，自上而下"法。把十进制小数乘以 2 得一个整数部分和一个小数部分；再用 2 乘所得的小数部分，又得到一个整数部分和一个小数部分；这样不断地用 2 去乘所得的小数部分，直到所得小数部分为 0 或达到要求的精度为止。每次相乘后所得乘积的整数部分就是相应二进制小数的各位数字，第一次乘积所得的整数部分为最高有效位，最后一次得到的整数部分为最低有效位。

说明：将一个十进制小数转换成二进制小数通常只能得到近似表示。

【例 1-6】 将十进制小数 0.1875 转换成二进制小数。

$$
\begin{array}{r}
0.1875 \\
\times\ \ 2 \\
\hline
\text{最高有效位}\quad 0\quad .3750 \\
\times\ \ 2 \\
\hline
0\quad .7500 \\
\times\ \ 2 \\
\hline
1\quad .5000 \\
\times\ \ 2 \\
\hline
\text{最低有效位}\quad 1\quad .0000
\end{array}
$$

$(0.1875)_{10} = (0.0011)_2$

【例 1-7】将十进制小数 0.4 转换成二进制小数（取小数点后 5 位）。

$$
\begin{array}{r}
0.4 \\
\times\ \ 2 \\
\hline
\text{最高有效位}\quad 0\quad .8 \\
\times\ \ 2 \\
\hline
1\quad .6 \\
\times\ \ 2 \\
\hline
1\quad .2 \\
\times\ \ 2 \\
\hline
0\quad .4 \\
\times\ \ 2 \\
\hline
\text{最低有效位}\quad 0\quad .8
\end{array}
$$

$(0.2)_{10} = (0.01100)_2$

要将任意一个十进制数转换为二进制数，只需将其整数、小数部分分别转换，然后用小数点连接起来即可。

上述将十进制数转换成二进制数的方法同样适用于十进制数与八进制、十进制与十六进制数之间的转换，只是使用的基数不同。

3.二进制数与八进制或十六进制数间的转换

用二进制数编码，存在这样一个规律：n 位二进制数最多能表示 2^n 种状态，分别对应：0，1，2，3，…，$2^n - 1$。可见，用 3 位二进制数就可对应表示 1 位八进制数。同样，用 4 位二进制数就可对应表示 1 位十六进制数。其对照关系如表 1.2 所示。

（1）二进制数转换成八进制数。

将一个二进制数转换成八进制数的方法很简单，只要从小数点开始分别向左、向右方向按每 3 位一组划分，不足 3 位的组以 0 补足，然后将每组 3 位二进制数用与其等值的 1 位八进制数字代替即可。

【例 1-8】 将二进制数 $(11101011010.10111)_2$ 转换成八进制数。

011　101　011　010.　101　110

3　　5　　3　　2.　　5　　6

在所划分的二进制位组中，第一组和最后一组是不足三位经补上 0 而成的，再以 1 位八进制数字替代每组的三位二进制数字：

$$(11101011010.10111)2＝(3532.56)_8$$

（2）八进制数转换成二进制数。

八进制数转换成二进制数的方法与二进制数转换成八进制数相反。即将每一位八进制数字代之以与其等值的三位二进制数表示即可。

【例 1-9】 将 $(476.564)_8$ 转换成二进制数。

4　　7　　6.　　5　　6　　4

100　111　110.　101　110　100

$$(476.564)_8＝(100111110.101110100)_2$$

（3）二进制数转换成十六进制数。

二进制数转换成十六进制数的方法与将一个二进制数转换成八进制数的方法类似，只要从小数点开始分别向左、向右按每 4 位二进制数一组划分，不足 4 位的组以 0 补足，然后将每组 4 位二进制数代之以 1 位十六进制数字表示即可。

【例 1-10】 将二进制数 $(1111001001011.10111)_2$ 转换成十六进制数。

0001　1110　0100　1011.　1011　1000

1　　E　　4　　B.　　B　　8

在所划分的二进制位组中，第一组和最后一组是不足 4 位经补 0 而成的。再以 1 位十六进制数字替代每组的 4 位二进制数字即可。

$$(1111001001011.10111)＝(1E4B.B8)_{16}$$

（4）十六进制数转换成二进制数。

十六进制数转换成二进制数的方法与二进制数转换成十六进制数相反。只要将每 1 位十六进制数字代之以与其等值的 4 位二进制数表示即可。

【例 1-11】 将 $(7AE.C6)_{16}$ 转换成二进制数。

7　　A　　E.　　C　　6

0111　1010　1110.　1100　0110

$$(7AE.C6)_{16}＝(11110101110.11000110)_2$$

所以，十进制与八进制及十六进制之间的转换可以通过除基（8 或 16）取余的方法直接进行（其方法同十进制数转换为二进制数的方法），也可以二进制作为桥梁来完成。

1.4　计算机信息编码

任务分析

本节主要掌握计算机的信息编码,区别各种信息编码的方法。

计算机信息编码分为二十进制 BCD 码编码、字符编码和汉字编码三种。

1. 二十进制 BCD 码

二十进制 BCD 码(Binary-Coded Decimal)是指每位十进制数用 4 位二进制数编码表示。由于 4 位二进制数可表示 16 种状态,可舍弃最后 6 种状态,而选用 0000～1001 来表示 0～9 这 10 个数符。这种编码又称 8421 码,如表 1.4 所示。

表 1.4　十进制与 BCD 码的对应关系

十进制数	BCD 码	十进制数	BCD 码
0	0000	10	00010000
1	0001	11	00010001
2	0010	12	00010010
3	0011	13	00010011
4	0100	14	00010100
5	0101	15	00010101
6	0110	16	00010110
7	0111	17	00010111
8	1000	18	00011000
9	1001	19	00011001
—	—	20	00010000

两位十进制数用 8 位二进制数并列表示,它不是一个 8 位二进制数。如 25 的 BCD 码是 00100101,而二进制数 $(00100101)_2 = 25 + 22 + 1 = (37)_{10}$。

2. 字符编码 ASCII 码

字符是计算机中使用最多的信息形式之一,是人与计算机进行通信、交互的重要媒介。在计算机中,要为每个字符指定一个确定的编码,作为识别与使用这些字符的依据。而这些编码的值,又是用一个定位数的二进制码进行再编码给出的。

使用得最多、最普遍的是 ASCII(American Standard Code for Information Interchange)字符编码,即美国信息交换标准代码,如表 1.5 所示。

表 1.5　七位 ASCII 代码表

$d_3 d_2 d_1 d_0$ 位	$d_6 d_5 d_4$ 位							
	000	001	010	011	100	101	110	111
0000	NUL	DLE	SP	0	@	P	`	p
0001	SOH	DC1	!	1	A	Q	A	q
0010	STX	DC2	"	2	B	R	B	r
0011	ETX	DC3	#	3	C	S	C	s
0100	EOT	DC4	$	4	D	T	D	t
0101	ENQ	NAK	%	5	E	U	E	u
0110	ACK	SYN	&	6	F	V	F	v
0111	BEL	ETB	'	7	G	W	G	w
1000	BS	CAN	(	8	H	X	H	x
1001	HT	EM	)	9	I	Y	I	y
1010	LF	SUB	*	:	J	Z	J	z
1011	VT	ESC	+	;	K	[	K	{
1100	FF	FS	,	<	L	\	L		
1101	CR	GS	=		M	]	M	
1110	SO	RS	.	>	N	↑	N	~
1111	SI	US	/	?	O	↓	o	DEL

（1）ASCII 码的每个字符用 7 位二进制数表示，其排列次序为 $d_6 d_5 d_4 d_3 d_2 d_1 d_0$，$d_6$ 为高位，d_0 为低位。一个字符在计算机内实际是用 8 位表示。正常情况下，最高一位 d_7 为"0"，在需要奇偶校验时，这一位可用于存放奇偶校验的值，此时该位被称为校验位。要确定某个字符的 ASCII 码，在表中可先查到它的位置，然后确定它所在位置的相应列和行，最后根据列确定高位码（$d_6 d_5 d_4$），根据行确定低位码（$d_3 d_2 d_1 d_0$），把高位码与低位码合在一起就是该字符的 AC-SII 码。例如，字符"L"的 ASCII 码为 1001100，字符"％"的 ASCII 码是 0100101，等等。

（2）ASCII 码是由 128 个字符组成的字符集。其中，编码值 0～31（0000000～0011111）不对应任何可印刷字符，通常被称为控制符，用于计算机通信中的通信控制或对计算机设备的功能控制。编码值为 32（010000）是空格字符 SP，编码值为 127（111111）是删除控制 DEL 码，其余 94 个字符称为可印刷字符。

（3）字符 0～9 这 10 个数字字符的高 3 位编码（$d_6 d_5 d_4$）为 011，低 4 位为 0000～1001。当去掉高 3 位的值时，低 4 位正好是二进制形式的 0～9。这既满足正常的排序关系，又有利于完成 ASCII 码与二进制码之间的转换。

（4）英文字母的编码值满足正常的字母排序，且大、小写英文字母编码的对应关系相当简便，差别仅表现在 d_5 位的值为 0 或 1，有利于大、小写字母之间的编码转换。

还有一种叫做 ASCII-8 的 8 位扩展 ASCII 编码。它是在 7 位 ASCII 码的基础上，在 d_5 和 d_4 位之间插入一位，且使它的值与每个符号的 d_6 位的值相同。例如，数值 0 的 7 位 ASCII 码的编码是 0110000,而 8 位 ASCII 码的编码是 01010000。

3. 汉字的编码表示

用计算机处理汉字时,必须先将汉字代码化,即对汉字进行编码。汉字种类繁多,编码比拼音文字困难,而且在一个汉字处理系统中,输入、内部处理、输出对汉字代码的要求不尽相同。汉字信息处理系统在处理汉字和词语时,要进行一系列汉字代码转换。下面介绍主要的汉字代码。

(1)输入码。

中文的字数繁多,字形复杂,字音多变,常用汉字就有 7000 个左右。在计算机系统中使用汉字,首先遇到的问题就是如何把汉字输入到计算机内。为了能直接使用西文标准键盘进行输入,必须为汉字设计相应的编码方法。汉字编码方法主要分为三类:数字编码、拼音码和字形码。

①数字编码。数字编码就是用数字串代表一个汉字的输入,常用的是国标区位码。国标区位码将国家标准局公布的 6763 个两级汉字分成 94 个区,每个区分 94 位,实际上是把汉字表示成二维数组,区码和位码各两个十进制数字,因此,输入一个汉字需要按键四次。例如,"中"字位于第 54 区 48 位,区位码为 5448。汉字在区位码表的排列是有规律的。在 94 个分区中,1~15 区用来表示字母、数字和符号,16~87 区为一级和二级汉字。一级汉字以汉语拼音为序排列,二级汉字以偏旁部首为序进行排列。使用区位码方法输入汉字时,必须先在表中查找汉字并找出对应的代码,才能输入。数字编码输入的优点是无重码,而且输入码和内部码的转换比较方便,但是每个编码都是等长的数字串,代码难记。

②拼音码。拼音码是以汉语读音为基础的输入方法。由于汉字同音字太多,输入重码率很高,因此,按拼音输入后还必须进行同音字选择,影响输入速度。

③字形编码。字形编码是以汉字的形状确定的编码。汉字总数虽多,但都是由一笔一划组成,全部汉字的部件和笔划是有限的。因此,把汉字的笔划部件用字母或数字进行编码,按笔划书写的顺序依次输入,就能表示一个汉字。五笔字形、表形码等便是这种编码法,五笔字形编码是影响最广的编码方法之一。

(2)内部码。

汉字内部码是汉字在设备或信息处理系统内部最基本的表达形式,是在设备和信息处理系统内部存储、处理、传输汉字用的代码。在西文计算机中,没有交换码和内部码之分。目前,世界各大计算机公司一般以 ASCII 码为内部码来设计计算机系统。汉字数量多,用一个字节无法区分,一般用两个字节来存放汉字的内码。目前我国的汉字信息系统一般采用这种与 ASCII 码相容的 8 位码方案:用两个 8 位码字符构成一个汉字内部码。另外,汉字字符必须与英文字符区别开,以免造成混淆。英文字符的机内代码是 7 位 ASCII 码,最高位为"0"(即 d_7 =0),汉字机内代码中两个最高位均为"1"。以汉字"大"为例,国标码为 3473H,机内码为 B4F3H。

为了统一地表示世界各国的文字,1993 年,国际标准化组织公布了"通用多八位编码字符集"的国际标准 ISO/IEC 10646,简称 UCS(Universal Code Set)。UCS 包含了中、日、韩等国的文字,这一标准为包括汉字在内的各种正在使用的文字规定了统一的编码方案。该标准是用四个 8 位码(四个字节)来表示每一个字符,并相应地指定组、平面、行和字位。即用一个 8 位二进制来编码组(最高位不用,剩下 7 位),能表示 128 个组。用一个 8 位二进制来编码平面,能表示 256 个平面,即每一组包含 256 个平面。用一个 8 位二进制来编码行,能表示 256

字位,即每一行包含 256 个字位。一个字符就被安排在这个编码空间的一个字位上。四个 8 位码 32 位足以包容世界所有的字符,同时也符合现代处理系统的体系结构。

第一个平面(00 组中的 00 平面)称为基本多文种平面。它包含字母文字、音节文字及表意文字等。它分成以下 4 个区。

①A 区:代码位置 0000H～4DFFH(19903 个字位)用于字母文字、音节文字及各种符号。

②I 区:代码位置 4E00H～9FFFH(20992 个字位)用于中、日、韩(CJK)统一的表意文字。

③O 区:代码位置 A000H～DFFFH(16384 个字位)留于未来标准化用。

④R 区:代码位置 E000H～FFFDH(8190 个字位)作为基本多文种平面的限制使用区,它包括专用字符、兼容字符等。

例如:

①ASCII 字符"A",它的 ASCII 码为 41H。它在 UCS 中的编码为 00000041H,即在 00 组、00 面、00 行、第 41H 字位上。

②汉字"大",它在 GB2312 中的编码为 3473H,它在 UCS 中的编码为 00005927H,即在 00 组、00 面、59H 行、第 27H 字位上。

我国相应的国家标准为 GB13000。

(3)字形码。

汉字字形码是表示汉字字形的字模数据,通常用点阵、矢量函数等方法表示,用点阵表示字形时,汉字字形码指的就是这个汉字字形点阵的代码。字形码也称字模码,是用点阵表示的汉字字形代码,它是汉字的输出形式,根据输出汉字的要求不同,点阵的多少也不同。简易型汉字为 16×16 点阵,提高型汉字为 24×24 点阵、32×32 点阵、48×48 点阵等。

字模点阵的信息量很大,所占的存储空间也很大,以 16×16 点阵为例,每个汉字就不能用于机内存储。字库中存储了每个汉字的点阵代码,当显示输出时才检索字库,输出字模点阵得到字形。

1.5　计算机安全及防范

> **任务分析**
>
> 　本节主要掌握计算机的安全及防范,通过网络查询资料,能够形成一份计算机安全防范报告。

1. 计算机病毒的概念

计算机病毒(Computer Virus)实质上是一种特殊的计算机程序,这种程序具有自我复制能力,可非法入侵并隐藏在存储介质的引导部分、可执行程序或数据文件的可执行代码中。当病毒被运行而激活时,源病毒能把自身复制到其他程序体内,影响和破坏正常程序的执行和数据的正确性,有些病毒在特定的条件下,具有很大的破坏性。

2. 计算机病毒的特点

(1)破坏性:破坏是广义的,不仅仅是指破坏系统,删除或修改数据,甚至可以格式化整个磁盘,而且包括占用系统资源、降低计算机运行效率等。

(2)传染性:它能够主动地将自身的复制品或变种传染到其他未染毒的程序上。

(3)寄生性:它是一种特殊的寄生程序。通常它不是一个完整的计算机程序,而是寄生在其他可执行的程序上,因此它能享有被寄生的程序所能得到的一切权利。

(4)隐蔽性:病毒程序通常短小精悍,寄生在别的程序上使其难以被发现。在外界激发条件出现之前,病毒可以在计算机内的程序中潜伏、传播。

3. 计算机病毒的常见症状

计算机病毒虽然很难检测,但是留心计算机的运行情况还是可以发现计算机感染病毒的一些异常症状,下面是常见的病毒参考症状。

(1)磁盘文件数目无故增多。

(2)系统的内存空间明显变小,现象是程序执行时间明显变长,正常情况下可以运行的程序却突然因内存不足而不能装入或运行,程序加载时间相比于平时明显变长。

(3)感染病毒的可执行文件的长度通常会明显增加。

(4)计算机经常出现死机现象或不能正常启动。

(5)显示器上经常出现一些莫名其妙的信息或异常现象。

随着制造病毒和反病毒双方的不断较量,病毒制造者的技术越来越高,病毒的欺骗性、隐蔽性也越来越强。只有在实践中细心观察才能发现计算机的异常现象。

4. 计算机病毒的防治

感染病毒以后用反病毒软件检测和清除病毒是被迫的处理措施。对计算机病毒采取"预防为主"的方针是积极、合理、有效的方法。人们从工作实践中总结出一些预防计算机病毒简易可行的措施,这些措施实际上是要求用户养成良好的使用计算机的习惯,具体归纳如下。

(1)专机专用。制定科学的管理制度,对重要任务部门应采用专机专用,禁止与任务无关的人员接触该系统,防止潜在的病毒犯罪。

(2)慎用网上下载的软件。网络是病毒传播的一大途径,对从网上下载的软件最好检测后再用。

(3)谨慎对待电子邮件。不要阅读从不相识的人员发来的电子邮件。

(4)建立备份。对于每个购置的软件应复制副本,定期备份重要的数据文件,以免遭受病毒危害后无法恢复。对于各类数据、文档和程序应分类备份保存。

(5)采用防病毒卡或病毒预警软件。

(6)定期检查。定期用杀毒软件对计算机系统进行检查,发现病毒及时清除。

1.6　知识链接

1. 个人计算机配置清单(参考)中的主要配件

(1) 中央处理器(CPU):Intel 酷睿 2 双核 E7300,如图 1.5 所示。

(2) 主板:微星 P43 Neo-F,如图 1.6 所示。

图 1.5　Intel 酷睿 2 双核 E7300　　　　图 1.6　微星 P43 Neo-F

（3）内存条：金士顿 2GB DDR2 800，如图 1.7 所示。

（4）显卡：影驰 9800GTX$^+$上将版，如图 1.8 所示。

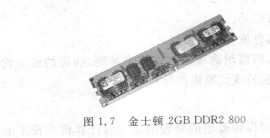

图 1.7　金士顿 2GB DDR2 800　　　图 1.8　影驰 9800GTX$^+$上将版

（5）硬盘：希捷 320G 7200，如图 1.9 所示。

（6）显示器：长城 L228 22 英寸，如图 1.10 所示。

（7）光驱：华硕 DRW-20B1S，如图 1.11 所示。

图1.9　希捷 320G 7200.11 16M 硬盘

图 1.10　长城 L228 22 寸

图 1.11　华硕 DRW-20B1S 光驱

（8）机箱、电源、鼠标、键盘和音箱可实地选购时再进行选择，参考图片如图1.12所示。

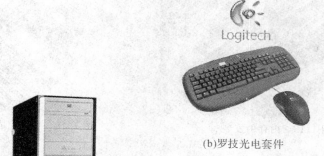

(b)罗技光电套件

(a)金河田机箱＋电源

(c)漫步者2.1

图1.12　机箱电源、鼠标、键盘和音箱图

2.计算机配件组装

个人计算机硬件组装过程如下。

（1）安装 CPU 处理器，安装过程完成，如图 1.13 所示。

（2）安装散热器，如图 1.14 所示。

图1.13　CPU 安装完成

图1.14　安装散热器电源

（3）安装内存条，如图 1.15 所示。

（4）将主板安装固定到机箱中，如图 1.16 所示。

图 1.15　内存的安装

图 1.16　安装完成的主板

（5）安装硬盘，安装好 CPU、内存之后，需要将硬盘固定在机箱的 3.5 寸硬盘托架上，拧紧螺丝，如图 1.17 所示。

（6）安装光驱、电源，如图 1.18 所示。

图 1.17　安装完成的硬盘

图 1.18　安装机箱电源

（7）安装显卡，并接好各种线缆，如图 1.19 所示。

（8）安装线缆接口。安装完显卡之后，剩下的工作就是安装所有的线缆接口了，如图 1.20 所示。

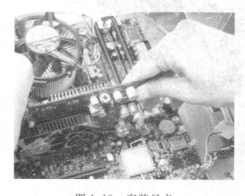

图 1.19　安装显卡

图 1.20　硬盘数据线和电源线的安装

①主板上 SATA 硬盘、USB 及机箱开关、重启、硬盘工作指示灯接口，安装方法可以参见

主板说明书。对机箱内的各种线缆进行简单整理，以提供良好的散热空间。

②将键盘、鼠标、显示器及音箱各外部设备与主机箱相连。一台个人计算机就成功组装完成了。

3. 操作系统 Windows 7 的安装

（1）设置 BIOS 用光盘启动系统。所谓光驱启动，就是计算机在启动的时候首先读取光驱，如果光驱中有具有光盘启动功能的光盘就可以在硬盘启动之前读取出来。

步骤方法如下。

①启动计算机，并按住"Del"键（有的是按"F2"或者"F10"，具体请看主板的有关说明）不放，直到出现 BIOS 设置窗口（通常为蓝色背景，黄色英文字）。

②选择并进入第二项，"BIOS SETUP"（BIOS 设置）。找到包含 BOOT 文字的项或组，并找到依次排列的"FIRST"、"SECEND"、"THIRD"三项，分别代表"第一项启动"、"第二项启动"、"第三项启动"。这里我们按顺序依次设置为"光驱"、"软驱"、"硬盘"即可。如在这一页没有见到这三项文字，通常 BOOT 右边的选项菜单为"SETUP"，这时按回车进入即可看到了，应该选择"FIRST"按回车键，在弹出来的子菜单选择"CD-ROM"（从光驱启动系统），再按回车键。

③选择好启动方式后，按"F10"键保存，出现对话框，按"Y"键（可省略），并回车，计算机自动重启，则更改的设置生效。

（2）对已组装好的计算机安装操作系统 Windows 7，步骤方法如下。

①将 Windows 7 安装光盘放入光驱，重新启动电脑。注意：刚启动时，当出现提示信息（意思是：按任意键就从光驱启动）时快速按下回车键，否则不能启动 Windows 7 系统光盘安装。

②光盘自启动后，可根据安装向导的提示进行若干"下一步"的安装，直到出现复制文件如图 1.21 所示。

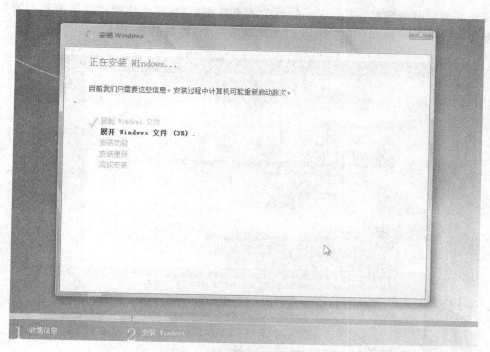

图 1.21　复制安装程序文件

③图 1.21 中开始复制文件，文件复制完后，安装 Windows。然后系统将会自动在 15 秒后重新启动。重启进入后开始设置账号和密码及密钥等，密钥也可以暂时不输入，是否自动联网激活 Windows 选项也选择否，可以在稍后进入系统后再激活出现，如图 1.22 所示的画面。

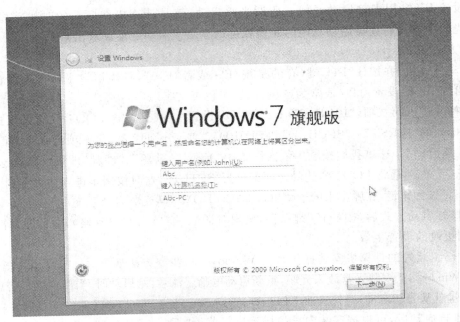

图 1.22　设置账户

④设置好账号和密码后，进入 Windows 7 的更新配置，有三个选项："使用推荐配置"、"仅安装重要更新"和"以后询问"等三个，我们选择最后一个，如图 1.23 所示。

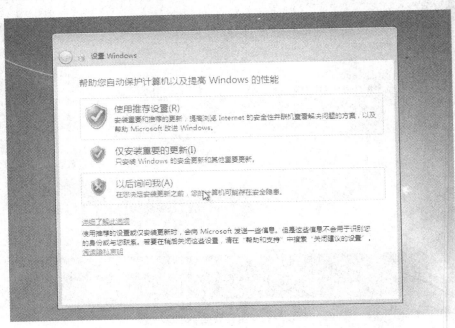

图 1.23　设置 Windows 更新配置

⑤配置时间和日期窗口,检查设置是否正确,并单击"下一步",如图 1.24 所示。

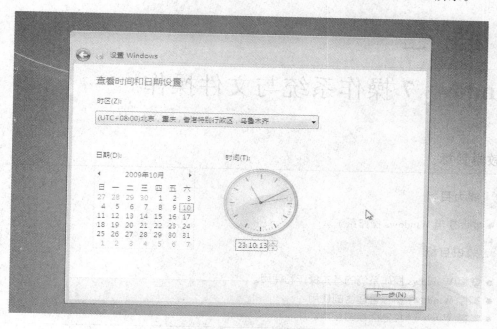

图 1.24　查看日期和时间设置

⑥安装结束后重新登录,登录桌面后,如图 1.25 所示。

图 1.25　Windows 7 桌面

23

项 目 二

Windows 7 操作系统与文件操作

教学目标

 能力目标

- 能够使用 Windows 操作系统。

 知识目标

- 掌握 Windows 操作系统的基本操作和使用。
- 掌握 Windows 资源管理器的使用。
- 掌握 Windows 控制面板的使用。

工作任务

进行系统与环境的个性化设置,利用资源管理器进行文件管理。

2.1 系统与环境的个性化设置

任务分析

本节的内容是要学会用使用控制面板设置桌面属性、区域和语言选项设置、任务栏设置、快捷键的创建。

2.1.1 设置桌面属性

使用"自然"下的"img1"图片作为桌面背景,并将背景图片的图片位置设为"拉伸",设置屏幕程序为"三维文字",保护时间为"100分钟"。

(1)单击"开始"→"控制面板",打开"控制面板"窗口,如图 2.1 所示。

图 2.1　"控制面板"窗口

(2)单击"控制面板"→"外观和个性化"→"更改桌面背景"打开"桌面背景"对话框,图 2.2 所示。选择"自然"下的"img1",在"图片位置"处选择"拉伸",单击"保存修改"按钮。

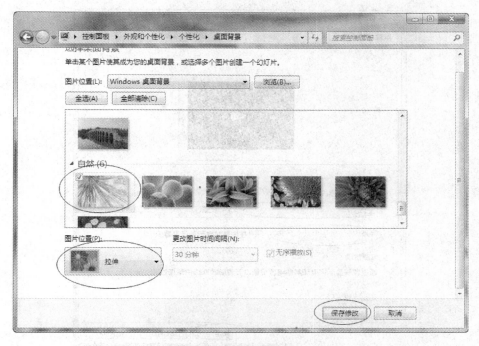

图 2.2　"桌面背景"对话框

（3）单击"控制面板"→"外观和个性化"，在"个性化"下单击"更改屏幕保护程序"（如图2.3 所示），打开"屏幕保护程序设置"对话框，选择屏幕保护程序为"三维文字"，等待时间设置为"100 分钟"，单击"确定"按钮，如图 2.4 所示。

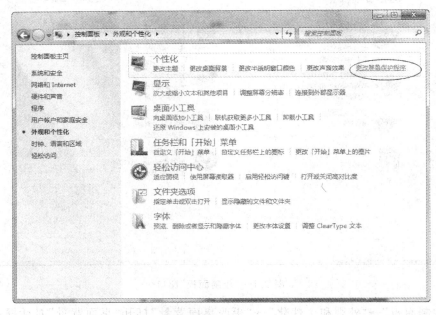

图 2.3　外观与个性化

图 2.4　屏幕保护程序设置

2.1.2　区域和语言选项设置

设置数字分组符号为",",设置下午符号为"PM",设置日期格式为"yyyy-MM-dd",设置货币正数格式为"1.1$"。

(1)选择"控制面板"→"时钟、语言和区域"(如图 2.5 所示);打开"时钟、语言和区域"对话框,选择"区域和语言"下的"更改日期、时间或数字格式",如图 2.6 所示。

图 2.5　时钟、语言和区域

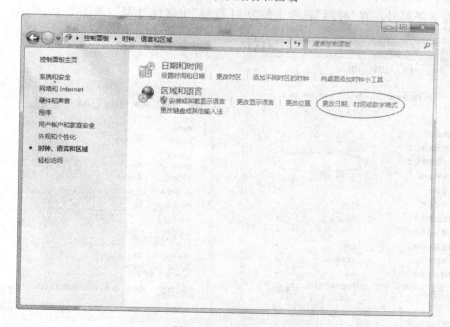

图 2.6　区域和语言

（2）单击"区域和语言"→"其他设置"按钮，打开"自定义格式"对话框，如图 2.7 所示。

①设置日期格式。在"日期"选项卡的"短日期"中选择日期格式为"yyyy-MM-dd"，如图 2.8 所示。

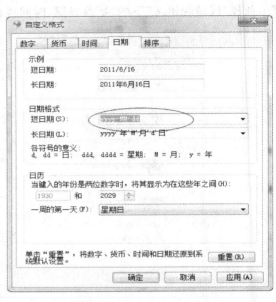

图 2.7 "区域语言"对话框　　　　　　　　　　图 2.8 设置日期

②设置数字分组符号。在"数字"选项卡的"数字分组符号"中选择"，"，如图 2.9 所示。

③设置下午符号。在"时间"选项卡的"PM 符号"中选择"PM"，如图 2.10 所示。

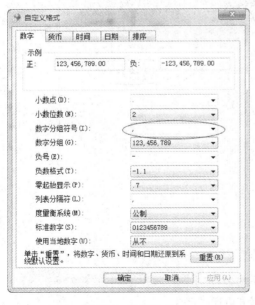

图 2.9 设置数字　　　　　　　　　　图 2.10 设置时间

④在"货币"选项卡的"货币符号"中将货币设为"＄"。在"货币正数格式"中选择"1.1 ＄"货币格式,如图 2.11 所示。确定完成所有设置后,单击"应用"按钮。

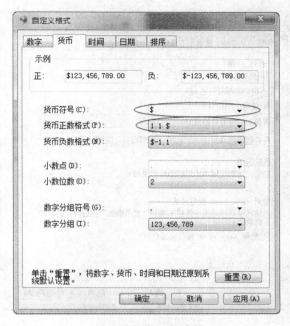

图 2.11　设置货币

2.1.3　任务栏属性设置

将任务栏属性设置为自动隐藏。

(1)选择"控制面板"→"外观和个性化",打开"外观和个性化"窗口,单击"自定义[开始]菜单"(如图 2.12 所示),打开"任务栏和[开始]菜单属性"对话框。

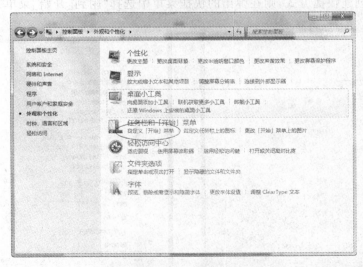

图 2.12　"外观和个性化"选项

（2）在"任务栏和[开始]菜单属性"对话框中，选择"任务栏"选项卡，勾选"自动隐藏任务栏"复选框，单击"确定"，如图 2.13 所示。

图 2.13　设置任务栏

2.1.4　快捷方式的创建

在桌面和"开始"菜单中创建计算器（calc.exe）的快捷方式。

在"开始"菜单的"搜索程序和文件"文本框中，输入要查找的文件"calc"，如图 2.14 所示。在搜索的结果"calc.exe"上右击，选择"发送到"→"桌面快捷方式"，并重命名为"计算器"；若要在"开始"菜单中创建快捷方式，则在弹出的快捷菜单中选择"附到[开始]菜单"即可。

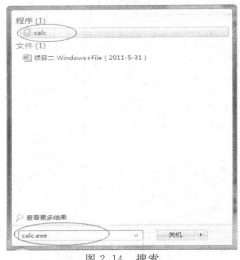

图 2.14　搜索

图 2.15　建立快捷方式

2.2　文件管理

在 E 盘建立名为"FileTest"的文件夹,在"FileTest"内新建"A"、"B"和"C"3 个文件夹;将"B"文件夹移动至"A"文件夹内,并将文件夹名称改为"AAA";删除"C"文件夹。

(1)选择"开始"→"程序"→"附件"→"Windows 资源管理器",打开"资源管理器"窗口,如图 2.16 所示。

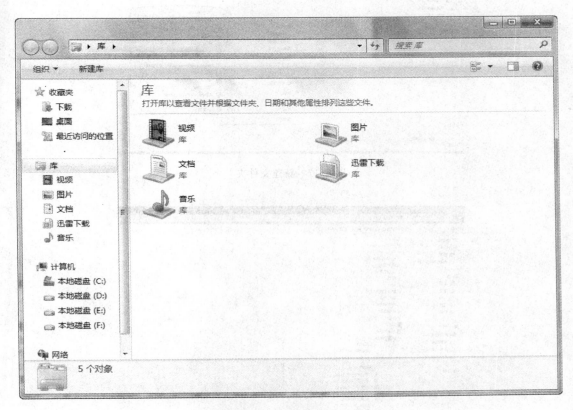

图 2.16　"资源管理器"窗口

(2)在"资源管理器"窗口左窗格中单击"E:"(这时"E:"前面的表示文件夹折叠的"▷"就会变成表示文件夹展开的"◢",右窗格中用户所看到的就是 E 盘文件及文件夹资源)。

(3)新建文件夹:右击右窗格中任意空白处,在弹出的快捷菜单中选择"新建"命令,在子菜单中选择"文件夹",这时 E 盘中会出现一个新建文件夹,如图 2.17 所示。右击该文件夹,在弹出的快捷菜单中选择"重命名"命令,将该文件夹改成要建立的文件夹名字,如图 2.18 所示。

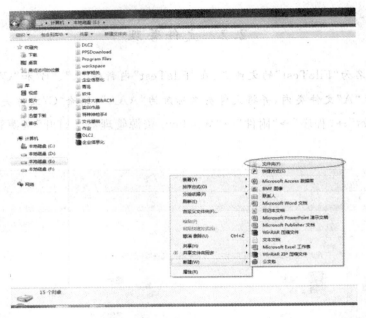

图 2.17　新建文件夹

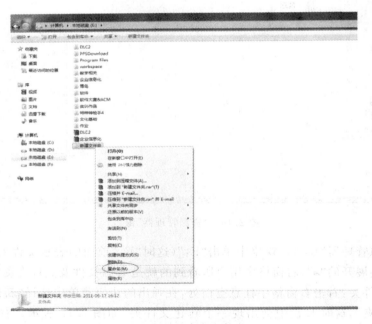

图 2.18　重命名文件夹

（4）移动文件夹：右击文件夹，在弹出的快捷菜中选择"剪切"命令，文件夹将被放入剪切板。打开目标文件夹，在文件夹中任意空位置上右击，在弹出的快捷菜单中选择"粘贴"命令，文件夹就转移至目标文件夹中了。

（5）删除文件夹：右击文件夹，在弹出的快捷菜单中选择"删除"命令，弹出"确认文件夹删除"对话框，单击"确认"按钮，"C"文件夹删除完成。

2.3　知识链接

1. 操作系统

操作系统是负责全面管理计算机系统中的硬件资源和软件资源,同时为用户提供各种强有力的使用功能和方便的服务界面的系统软件。

2. 桌面

在 Windows 操作系统中,人们形象地把 Windows 的基本工作屏幕称为桌面,就好像办公桌的桌面。启动一个程序或文档就好像抽屉中取出文件夹放在了桌面上。

Windows 操作系统桌面上的主要元素有:背景、图标、"开始"菜单、任务栏、窗口。

(1)背景:背景是屏幕空白区域的颜色或者图片。

(2)图标:在桌面背景上面的一个个较小的图形就是图标。这些图标一般表示的是程序或文档,通过双击图标可以打开一个窗口,进行下面的进一步操作,左下角带有箭头的图标是程序或文档的快捷方式。

(3)任务栏:任务栏位于屏幕的底端。任务栏的最左侧是"开始"菜单。菜单上项目后面带有小三角箭头的表示还有子菜单。"开始"菜单具有以下功能。

①"运行"命令。在"运行"对话框内键入应用程序和文档,单击"确定"后可以打开该应用程序或文档。

②"程序"菜单。通过该子菜单,用户可以启动计算机所装的大多数应用程序。

③"搜索"菜单。通过"搜索"子菜单,用户可以查找文件和文件夹、计算机、Internet 的网页和邮件客户。

④"文档"菜单。可以查看和打开最近打开过的文档。

⑤"帮助"命令。可打开 Windows 的帮助窗口,使用户更好地了解 Windows 操作系统。

任务栏上最左侧的"开始"菜单,中间为任务按钮,这些任务按钮表示的是正在运行的应用程序,凹进的按钮表示这个窗口位于屏幕前端,是用户正在查看或编辑的窗口,用户可以通过单击任务按钮实现多任务间的快速切换。

3. 快捷方式

放置于某一位置的快捷方式图标给用户提供了一个访问程序或文档的方便路径,这个快捷方式图标并不表示程序和文档本身,所以删除快捷方式并不会影响程序和文档的运行。

4. 窗口

窗口是桌面的一个矩形方框,它是正运行的一个应用程序的界面。窗口有应用程序窗口、文档窗口、对话框窗口三种。下面以 Word 为例介绍窗口。

打开 Word 软件,用户会在桌面上看到如图 2.19 所示的界面,这就是一个窗口。

(1)窗口组成。窗口中一般由标题栏、菜单栏、工具栏、工作区和状态栏等组成。

①标题栏。标题栏位于窗口的最上方,位于左侧的是控制菜单和文档名称、软件名称,右侧是"最大化"、"最小化"、"关闭"按钮。

②菜单栏。每个软件都会有数量不一的几个下拉菜单,这些菜单当中包括了所有的工作命令。在使用菜单时大家往往会遇到一些符号,这些符号的含义如下。

工作区

图 2.19　Word 窗口

● 符号▶:表示后面有子菜单,当把鼠标移动到带有"▶"符号的命令项上时会展现子菜单。

● 符号...:表示这个命令项有对话框,当用鼠标单击该命令项时,将打开对话框。

● 符号√:是一个选择标记,当命令项前面有"√"时表示命令有效,当再次单击"√",该符号将消失,表示该命令项无效。

● 符号●:表示数个命令设置的单选符号,用户选择一个命令,该命令前出现"●"符号,表示该命令有效。

● 符号≈:表示该菜单隐藏了最近未使用的项目,当鼠标移动到该符号上时,菜单将展开显示全部菜单内容。

● 热键:命令项文字后面的字母符号,它表示执行该项操作除了通过菜单外也可以通过热键。

● 命令项呈灰色:当菜单中某项命令项呈灰色时表示该命令当前状态下不可使用。

③工具栏。工具栏放置一些常用的工作命令,方便用户使用,这些常用工具一般可以根据用户的需要进行增减。

④工作区。工作区是显示工作内容和进行编辑操作的主要工作场所,它一般位于窗口的中心位置。

⑤状态栏。状态栏位于窗口底端,它显示了当前文档和应用程序目前的状态信息。

(2)窗口类型。窗口可分为应用程序窗口、文档窗口和对话框窗口三类。

应用程序窗口显示的是打开的计算机的某个计算机程序。文档窗口是应用程序窗口的子窗口,它是应用程序窗口中的一个工作空间;对话框窗口是其他操作窗口的一个操作命令集合的平台。

(3)窗口操作。常用的窗口操作如表 2.1 所示。

表 2.1　常用窗口操作

项目	方法
移动窗口	在窗口非最大化的情况下将鼠标移到标题栏,拖动到需要的位置
最大化	鼠标单击窗口上方标题栏右侧的 ▢ 按钮
最小化	鼠标单击窗口上方标题栏右侧的 ▬ 按钮
关闭	鼠标单击窗口上方标题栏右侧的 ✕ 按钮
还原	鼠标单击窗口上方标题栏右侧的 ▫ 按钮
改变窗口大小	在窗口非最大化的情况下将鼠标移动到窗口边框,这时鼠标会变成手形,这时拖动鼠标就可以任意地改变操作窗口的一个方向位置,将鼠标移动到窗口四角,这时鼠标变成箭头,拖动鼠标可以同时改变窗口的高和宽
切换窗口	在任务栏上单击凸起的窗口按钮或者单击桌面上没有被前面窗口覆盖的窗口任意一部分

对于窗口还有一些其他操作,具体如下。

(1)排列窗口。鼠标右击任务栏空白区域,在弹出的快捷菜单中用户看到有层叠窗口、横向平铺窗口、纵向平铺窗口。层叠窗口是把所有窗口前后层叠,后面的窗口只呈现任务栏;横向平铺窗口是把所有窗口呈上下方向展开平铺于整个桌面;纵向平铺窗口是把所有窗口呈左右方向展开平铺于整个桌面。

(2)复制窗口。在进行窗口内容编辑时用户经常会用到复制操作,复制是把所选择的内容存储于剪贴板中备用,除了可以针对选定内容进行复制还可以对整个屏幕进行复制,方法是按下"Print Screen SysRq"键。

5.资源管理器

资源管理器是 Windows 操作系统为用户提供的一个文件管理的重要工具。"资源管理器"窗口中文件夹以树状形式呈现,用户可以很方便地看到计算机系统内资源的分布结构和详细的描述。

用户也可以用"资源管理器"来实现资源管理,"资源管理器"窗口主要包括左右两个窗格,如图 2.16 所示。左窗格中显示文件夹的树状结构,右窗格中显示的是当前文件夹中的子文件夹和文件。地址栏显示的是当前文件或文件夹所在的路径,标准按钮中,"前进"和"后退"按钮可以实现前一步和后一步的操作,"向上"按钮可以退到上一级文件夹,"图标"按钮可以切换右窗格中文件或文件夹查看方式。资源管理常见操作如表 2.2 所示。

表 2.2　资源管理器窗口常见操作

操作项目	
文件或文件夹的创建	右击右窗格任意一空白处,在弹出的快捷菜单上选择"新建"命令,在二级菜单上选择"文件夹"或某种类型的"文件"
文件或文件夹的查找	在标准按钮上单击"查找"按钮,在窗口左边"搜索助理"选择要查找的目标类型,输入查找信息,单击"搜索"按钮,开始搜索,搜索到的信息列在右窗格中

续表

操作项目	
文件或文件夹的移动	在左窗格中直接将文件或文件夹拖动到目标文件夹上（也可以在右窗格中利用剪切的方法进行）
文件或文件夹的复制	在左窗格中按住"Ctrl"拖动文件或文件夹到目标文件夹上（也可以在右窗格中利用复制的方法进行）
文件或文件夹的删除	在左窗格中右击文件或文件夹，选择快捷菜单的"删除"（也可以在右窗格中利用同样方法删除）
文件或文件夹的重命名	在左窗格中右击文件或文件夹，选择快捷菜单中的"重命名"，将新名称输入（也可以在右窗格中利用同样方法重命名）
文件或文件夹的属性设置	在左窗格中右击文件或文件夹，选择快捷菜单中的"属性"，在"属性"对话框中设置属性（也可以在右窗格中利用同样方式完成）
文件夹选项的设置	在资源管理器窗口菜单栏单击"工具"菜单，在菜单中选择"文件夹选项"，即可对文件夹进行多种设置
应用程序的启动	在资源管理器窗口右窗格中找到应用程序的启动文件，双击该文件，应用程序开始启动

6. 剪切板

剪切板是内存中的一块区域，用于存储被复制或剪切的内容，需要的时候可以将这些内容粘贴在目的地。剪切板可以存储各种格式的信息，也可以在不同目的地多次粘贴。

7. 打印机的设置

单击"控制面板"窗口"硬件和声音"图标，选择设备和打印机下的添加打印机窗口，在弹出的"添加打印机向导"对话框中单击"下一步"；如果是本地打印机选择"添加本地打印机"，如果是其他计算机的打印机选择"添加网络、无线或 bluetooth 打印机"，单击"下一步"；在"选择打印机端口"中一般选择"LPT1：(打印机端口)"，单击"下一步"；选择与安装的打印机相同的厂商和打印机型号，单击"下一步"；选择是否设为默认打印机，可以打印测试页，单击"完成"，如图 2.20 所示。

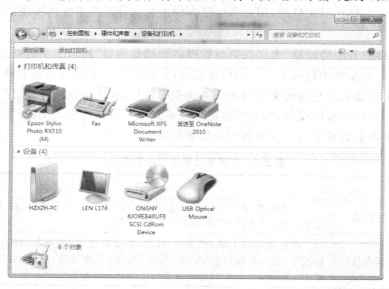

图 2.20 查看打印机

项目 三

Excel 电子表格应用

教学目标

 能力目标

- 能创建学生成绩表。
- 能对表中数据进行简单处理。
- 能使用函数公式处理表中数据。
- 能对表中数据进行高级处理。*

 知识目标

- 掌握数据的输入、数据的格式化、自动筛选、数据的简单计算(求和、求平均)等。
- 掌握 IF()、COUNTIF()、SUMIF()、MAX()、MIN()函数的使用,根据计算结果建立图表。
- 掌握条件格式、数据有效性的设置,掌握数组公式、高级函数(数据库函数 DSUM()、DAVERAGE()等,文本函数 REPLACE()、MID()等,查找和引用函数 HLOOKUP()、VLOOKUP(),以及 RANK()、ABS()高级筛选、数据透视表(图)。*

工作任务

根据表 3.1 中已有数据,创建 Excel 工作簿"学生成绩表",并在 Sheet1 中输入数据。

(1)分别计算每位同学的总分和平均分;并根据总分对数据排序,利用筛选功能对某些数据进行修改。

(2)统计各科情况(全部及格还是有不及格科目)、等级情况(优秀、合格、不合格),统计男、女生的人数,统计最高分,统计所有男生的总分和总分的平均分,并根据统计结果建立图表。

(3)给旧学号升级,设置男生字体加粗、红色,设置单元格的数据有效性,数据库函数的使用,并使用 RANK()函数对学生进行成绩排名。*

(4)高级筛选,建立数据透视表(图)。*

"学生成绩表"内容如表 3.1 所示。

表 3.1　学生成绩表

学号	姓名	性别	语文	数学	英语	信息技术	体育	总分	平均分	名次	是否通过	等级
001	钱梅宝	男	88	98	82	85	90					
002	张平光	男	100	98	100	97	87					
003	许动明	男	89	87	87	85	70					
004	张 云	女	77	76	80	78	85					
005	唐 琳	女	98	96	89	99	80					
006	宋国强	男	50	60	54	58	76					
007	郭建峰	男	97	94	89	90	81					
008	凌晓婉	女	88	95	100	86	86					
009	张启轩	男	98	96	92	96	92					
010	王 丽	女	78	92	84	81	78					
011	王 敏	女	85	96	74	85	94					
012	丁伟光	男	67	61	66	76	74					
013	吴兰兰	女	75	82	77	98	77					
014	许光明	男	80	79	92	89	83					
015	程坚强	男	67	76	78	80	76					
016	姜玲燕	女	61	75	65	78	68					
017	周兆平	男	78	88	97	71	91					
018	赵永敏	男	100	82	95	89	90					
019	黄永良	男	67	45	56	66	60					
020	梁泉涌	男	85	96	74	79	86					
021	任广明	男	68	72	68	67	75					
022	郝海平	男	89	94	80	100	87					

3.1　创建学生成绩表

任务分析

根据表 3.1 所示的数据，新建名称为"学生成绩表.xls"的工作簿，并输入数据。

(1)启动 Excel 2010 应用程序后，系统自动创建了一个空白工作簿(默认包含 3 张工作表)。在 Sheet1 工作表中输入如表 3.1 所示的数据。

(2)单击"文件"选项卡，在弹出的菜单中选择"保存"或"另存为"命令(也可单击快速启动工具栏上的"保存"按钮)，打开"另存为"对话框。选择合适的保存位置(本项目选择将电子表格文件保存在桌面上)，输入文件名"学生成绩表"，如图 3.1 所示。创建好的工作簿"学生成绩表"如图 3.2 所示。

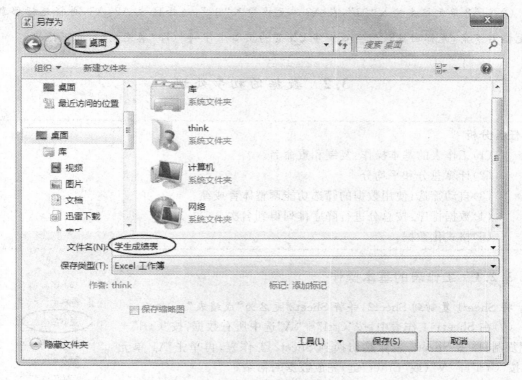

图 3.1　"另存为"对话框

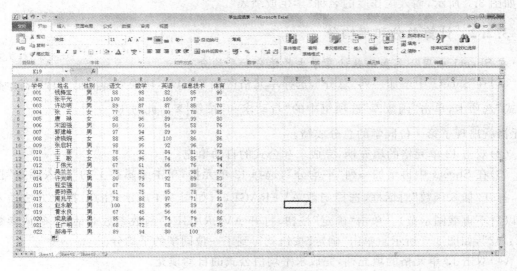

图 3.2　学生成绩表

提示：当输入学号时，可以使用以下 2 种方式自动填充快速完成。

①在 A2 单元格先输入"01"，将光标移到该单元格右下角，光标由默认的空心十字 ✚ 变

为实心十字 （即"填充柄"），再按住"Ctrl"键向下拖拽。

②在 A2 单元格先输入"01"，在 A3 单元格输入"02"，选择区域 A2:A3，再将光标移到该单元格右下角，光标由默认的空心十字 变为实心十字（即"填充柄"），向下拖拽。

3.2　数据的初步处理

任务分析

（1）工作表的基本操作：复制和重命名。

（2）计算总分和平均分。

（3）自动筛选：使用数据的筛选功能调整体育成绩。

（4）数据排序：按总分进行降序排列得到名次。

（5）格式化数据。

3.2.1　工作表的基本操作

将 Sheet1 复制到 Sheet2，并将 Sheet2 更名为"成绩表"。

（1）在 Sheet1 工作表中，按"Ctrl"＋"A"选中所有数据，按"Ctrl"＋"C"复制；单击 Sheet2 表标签切换到 Sheet2 工作表，再单击 A1 单元格，按"Ctrl"＋"V"（或"Enter"键）完成数据的粘贴。

（2）右击 Sheet2 工作表标签，在弹出的快捷菜单中选择"重命名"命令，如图 3.3 所示，输入工作表的名称"学生成绩表"。

图 3.3　选择"重命名"命令

3.2.2　计算总分和平均分

在 Sheet1 中用公式和函数计算学生的总分和平均分。

（1）在 Sheet1 中增加一列"总分"，选择单元格区域 D2:H2，切换到"公式"选项卡，单击"函数库"选项组中的"自动求和"按钮 $\boxed{\Sigma}$，此时 I2 单元格就出现了第一位同学的总分成绩。

（2）双击 I2 单元格的填充柄，完成求和公式的自动填充。

（3）在 Sheet1 中再增加一列"平均分"，选择 J2 单元格，单击编辑栏上的"插入函数"按钮 $\boxed{f_x}$，打开"插入函数"对话框，选择函数 AVERAGE（），如图 3.4 所示（注意：按此方法插入函数，以后不再截图示范）。单击"确定"按钮，打开 AVERAGE（）函数参数对话框，确认参数为"D2:H2"，如图 3.5 所示。单击"确定"按钮就得到了一位同学的平均分。

（4）双击 J2 单元格的填充柄，完成求平均值公式的自动填充。

提示：

①"总分"也可用插入 SUM（）函数的方法计算；或者，使用公式"＝D2＋E2＋F2＋G2＋H2"。平均分也可以使用公式"＝（D2＋E2＋F2＋G2＋H2）/5"计算。

②请单击常用快速访问工具栏中的"保存"按钮，及时保存处理的结果。

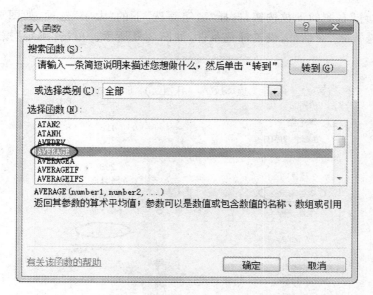

图 3.4　插入 AVERAGE( )函数

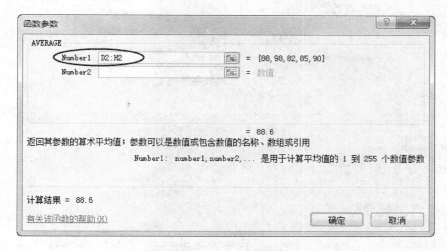

图 3.5　AVERAGE( )函数参数对话框

3.2.3　自动筛选

使用自动筛选功能调整 Sheet1 中的"体育"成绩，凡 85 分以上的减掉 5 分。

(1)单击 Sheet1 数据区域的任一单元格，切换到功能区的"数据"选项卡，单击"排序和筛选"选

项组中的"筛选"按钮，此时在表格中的每个标题右侧将显示一个下拉按钮，如图 3.6 所示。

学号	姓名	性别	语文	数学	英语	信息技	体育	总分	平均分

图 3.6　自动筛选下拉按钮

（2）单击"体育"右侧的下拉按钮，选择"数字筛选"下的"大于"选项，如图 3.7 所示。打开"自定义自动筛选方式"对话框，设置筛选条件，如图 3.8 所示。单击"确定"按钮完成筛选，结果如图 3.9 所示。

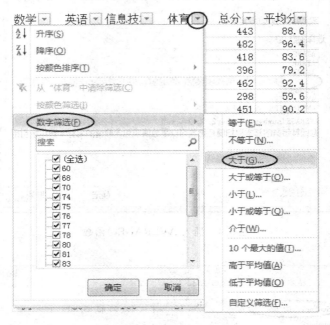

图 3.7　选择数字筛选

图 3.8　"自定义自动筛选方式"对话框

	A	B	C	D	E	F	G	H	I	J
1	学号	姓名	性别	语文	数学	英语	信息技	体育	总分	平均分
2	001	钱梅宝	男	88	98	82	85	90	443	88.6
3	002	张平光	男	100	98	100	97	87	482	96.4
9	008	凌晓婉	女	88	95	100	86	86	455	91
10	009	张启轩	男	98	96	92	96	92	474	94.8
12	011	王　敏	女	85	96	74	85	94	434	86.8
18	017	周兆平	男	78	88	97	71	91	425	85
19	018	赵永敏	男	100	82	95	89	90	456	91.2
21	020	梁泉涌	男	85	96	74	79	86	420	84
23	022	郝海平	男	89	94	80	100	87	450	90
24										

图 3.9　自动筛选结果

提示:调整后的体育成绩需借某列暂时存放一下,本项目选 K 列为过渡列。

(3)在 K2 单元格中输入公式"=H2-5",按"Enter"键,再双击 K2 单元格的填充柄,得到修改后的"体育"成绩。复制 K 列的数据,可看见以虚线框隔开的多个数据区域,如图 3.10 所示。

	A	B	C	D	E	F	G	H	I	J	K
1	学号	姓名	性别	语文	数学	英语	信息技	体育	总分	平均分	
2	001	钱梅宝	男	88	98	82	85	90	443	88.6	85
3	002	张平光	男	100	98	100	97	87	482	96.4	82
9	008	凌晓婉	女	88	95	100	86		455		81
10	009	张启轩	男	98	96	92	96		94.8		87
12	011	王 敏	女	85	96	74	85		86.8		89
18	017	周兆平	男	78	88	97	71	91	425	85	86
19	018	赵永敏	男	100	82	95	89	90	456	91.2	85
21	020	梁泉涌	男	85	96	74	79	86	420	84	81
23	022	郝海平	男	89	94	80	100	87	450	90	82

虚线框隔开的是多个不连续的数据区域

图 3.10 复制修改后的"体育"成绩

(4)选择连续的单元格区域,复制后,右击 H 列(即"体育"所在的列)对应的单元格区域,在弹出的快捷菜单中,选择"粘贴选项"中的"数值"按钮,如图 3.11 所示。

提示:

不连续的数据区域共有 6 个,"选择性粘贴"操作要重复 6 次。单个数据可直接参考计算后的结果手动修改。

(5)删除 K 列过渡列。单击"排序和筛选"选项组中的"筛选"按钮,关闭筛选。此时显示了所有的数据及数据处理结果。

3.2.4 数据排序

按总分进行降序排列得到名次。

(1)单击 Sheet1 数据区域的任一单元格,然后切换到功能区中的"数据"选项卡,在"排序和筛选"选项组中单击"排序"按钮,打开"排序"对话框:在"主要关键字"下拉列表框中选择"总分",并将"排序依据"设置为"数值",将"次序"设置为"降序",如图 3.12 所示。

图 3.11 "选择性粘贴"命令

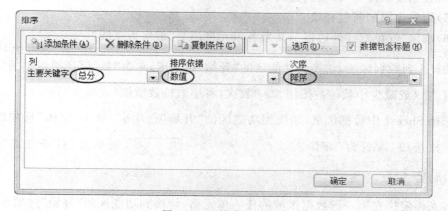

图 3.12 "排序"对话框

提示：单击"排序"对话框中的"添加条件"按钮，可以实现多关键字复杂排序。

（2）在 K1 单元格中输入"名次"。在 K2 单元格中输入"1"，按注"Ctrl"键拖拽 K2 单元格的填充柄，结果如图 3.13 所示。

	A	B	C	D	E	F	G	H	I	J	K
1	学号	姓名	性别	语文	数学	英语	信息技术	体育	总分	平均分	名次
2	002	张平光	男	100	98	100	97	87	482	96.4	1
3	009	张启轩	男	98	96	92	96	87	469	93.8	2
4	005	唐 琳	女	98	96	89	99	80	462	92.4	3
5	007	郭建峰	男	97	94	89	90	81	451	90.2	4
6	018	赵永敏	男	100	82	95	89	85	451	90.2	5
7	008	凌晓婉	女	88	95	100	86	81	450	90	6
8	022	郝海平	男	89	94	80	100	82	445	89	7
9	001	钱梅宝	男	88	98	82	85	90	443	88.6	8
10	011	王 敏	女	85	96	74	85	89	429	85.8	9
11	014	许光明	男	80	79	92	89	83	423	84.6	10
12	017	周兆平	男	78	88	97	71	86	420	84	11
13	003	许动明	男	89	87	87	85	70	418	83.6	12
14	020	梁泉涌	男	85	96	74	79	81	415	83	13
15	010	王 丽	女	78	92	84	81	78	413	82.6	14
16	013	吴兰兰	女	75	82	77	98	77	409	81.8	15
17	004	张 云	女	77	76	80	78	85	396	79.2	16
18	015	程坚强	男	67	76	78	80	76	377	75.4	17
19	021	任广明	男	68	72	68	67	75	350	70	18
20	016	姜玲燕	女	61	75	65	78	68	347	69.4	19
21	012	丁伟光	男	67	61	66	76	74	344	68.8	20
22	006	宋国强	男	50	60	54	58	76	298	59.6	21
23	019	黄永良	男	67	45	56	66	60	294	58.8	22

图 3.13　排序得到"名次"列

提示：由"排序"功能得到的数据打乱了原来按学号"排序"的数据次序，为了更符合人们的查找习惯，建议再以"学号"为主要关键字进行"升序"排序。

3.2.5　格式化数据

任务分析

（1）设置 Sheet1 中的"平均分"为两位小数。

（2）设置表中字体为"宋体"，字号为"12"，并居中。

（3）添加标题"学生成绩表"（华文楷体，20 号）。

（4）数据区域设置"自动调整列宽"。

（5）给表头添加灰色底纹。

（6）添加"红色双线外边框"，其余各单元格添加"细实边框线"。

（1）选择 J 列数据区域，切换到功能区的"开始"选项卡，单击"数字"选项组中的"增加小数位数"按钮 （或减少小数位数按钮 ）数次，将小数位数增加（或减少）到 2 位。

（2）选择 Sheet1 中数据区域，切换到功能区的"开始"选项卡，单击"字体"选项组中的"字体字号"下拉按钮，设置为 宋体 12 ，再单击"对齐方式"选项组的"居中"按钮 。

（3）将光标定位在第一行数据区域的任一单元格，切换到功能区的"开始"选项卡，单击"单元格"选项组中的"插入"按钮的向下箭头,从弹出的菜单中选择"插入工作表行"命令(如图 3.14 所示),在选中单元格的上方增加一行;在该行中输入"学生成绩表";选择区域 A1:K1,单击"对齐方式"选项组中的"合并后居中"按钮 合并后居中 ;单击"字体"选项组中的"字体字号"下拉按钮,设置为 华文楷体 、20 。

(4)选择区域 A2:K24,切换到功能区的"开始"选项卡,单击"单元格"选项组中的"格式"按钮,在弹出的菜单中选择"自动调整列宽",如图 3.15 所示。

提示:列宽的调节还有以下 2 种方法。

①手动调节:将光标停在列名之间,默认的空心十字指针 ⊕ 变为双向箭头 ⊹ 时,拖动鼠标即可改变列宽。

②精确调节:选择如图 3.15 所示菜单中的"列宽"命令,在打开的"列宽"对话框中输入具体的列宽值。

行高的设置同理。

(5)选择区域 A2:K2,切换到功能区的"开始"选项卡,单击"字体"选项组中的"颜色填充"按钮中的向下箭头,从下拉列表中选择灰色,如图 3.16 所示。

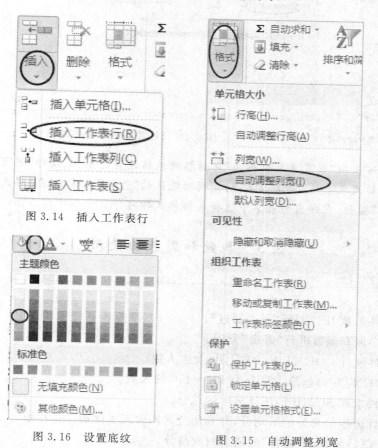

图 3.14　插入工作表行

图 3.16　设置底纹　　　　　　　　　图 3.15　自动调整列宽

(6)选择区域 A2:K24,切换到功能区的"开始"选项卡,单击"字体"选项组中的"边框"按钮的向下箭头，从弹出的菜单中选择"其他边框"命令（如图 3.17 所示），打开"设置单元格格式"对话框的"边框"选项卡：设置"颜色"为"红色"，"样式"为"双线"、"预置"为"外边框"；样式为"细实线"，"预置"为"内部"，如图 3.18 所示。单击"确定"按钮。

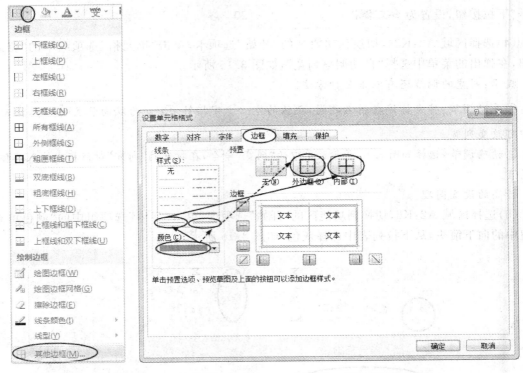

图3.17 "边框"下拉菜单 　　　　　　　图 3.18 "设置单元格格式"对话框

　　提示：除了可以用"设置单元格格式"对话框对表格设置边框、底纹外，还可以使用"套用表格格式"快速地格式化表格，方法如下：切换到功能区的"开始"选项卡，在"样式"选项组中单击"套用表格格式"按钮，在弹出的菜单中选择表格格式即可。

3.3　函数和图表的使用

任务分析

　　(1)条件函数 IF()判断"是否通过"。

　　(2)IF()嵌套函数进行"等级"分析。

　　(3)条件统计 COUNTIF()统计男、女生人数。

　　(4)COUNTIF()运算求总分为 400～450 的人数。

　　(5)条件求和 SUMIF()统计男生的总分。

　　(6)统计男生的总分的平均分，并利用公式四舍五入保留 2 位小数。

　　(7)MAX()函数求"体育"成绩中的最高分。

　　(8)用三维饼图展示男女生比例。

3.3.1 逻辑函数 IF( )

若各门功课全部通过,则显示为"是",否则显示为"否";将"是否通过"的结果存放在 L 列。

(1)"全部通过"条件分析,有以下 2 种方法。

①多个条件同时满足,用逻辑函数 AND 连接。"全部通过"的逻辑条件为:AND(D3＞＝60,E3＞＝60,F3＞＝60,G3＞＝60,H3＞＝60)。若多个条件只需满足其一,则用逻辑函数 OR()连接。

②如果该生最低的成绩都及格了,则所有科目肯定及格。"全部及格"的逻辑条件为:MIN(D3:H3)＞＝60。

(2)在 L2 单元格中输入"是否通过"。选择 L3 单元格,单击编辑栏上的"插入函数"按钮 f_x ,打开"插入函数"对话框,选择逻辑函数 IF(),如图 3.19 所示。单击"确定"按钮打开 IF() 函数参数对话框,并在该对话框中,输入如图 3.20 所示的参数(注意:逻辑条件也可选用第②种方法)。单击"确定"按钮。双击 L3 单元格的填充柄填充该列数据。

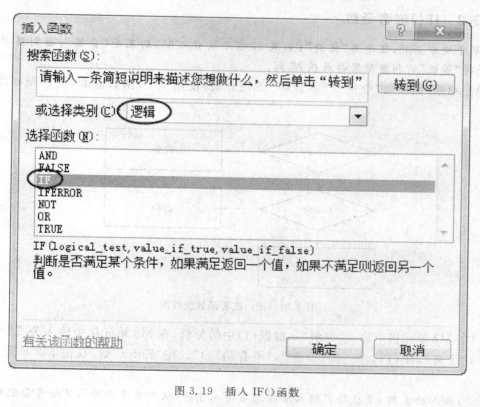

图 3.19 插入 IF()函数

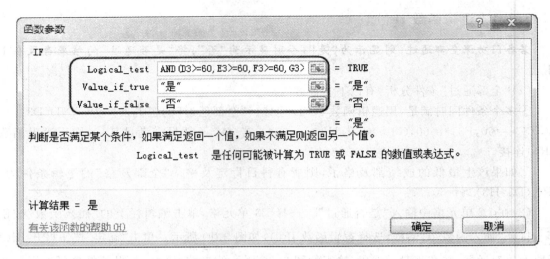

图 3.20　IF( )函数参数对话框

3.3.2　IF( )嵌套函数

如果平均分≥85，显示为"优秀"；如果 60≤平均分＜85，则显示"合格"，否则显示"不合格"。并将"等级"的判断结果存放在 M 列。

(1)平均分"优秀"、"合格"、"不合格"条件分析：使用 IF( )函数嵌套，流程图如图 3.21 所示。

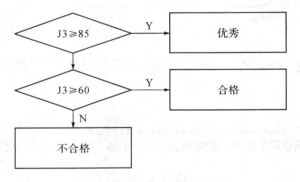

图 3.21　IF( )嵌套函数流程图

(2)在 M2 单元格中输入"等级"。根据(1)中的分析，在 M3 单元格中输入公式"＝IF(J3 ＞＝85,"优秀",IF(J3＞＝60,"合格","不合格"))"。按"Enter"键，双击 M3 单元格的填充柄。

提示：输入公式时，要在英文输入法状态下输入字符(仅中文字除外)，且括号要配对。

3.3.3　条件统计 COUNTIF( )

将任务(3)～(7)输入到 Sheet1 中"学生成绩表"的下方，并设置其底纹、边框和对齐方式(设置合适的列宽，其中 B 列要设置为"自动换行")，如图 3.22 所示。

统计男生人数。

选择 C27 单元格，单击编辑栏上的"插入函数"按钮，打开"插入函数"对话框，选择统计函数 COUNTIF()，如图 3.23 所示。单击"确定"按钮打开 COUNTIF()函数参数对话框，并在相应的文本框中输入如图 3.24 所示的参数（注意：Range 文本框中的单元格区域可拖拽鼠标实现；Criteria 文本框中的文本可通过单击"男"所在的单元格输入）。单击"确定"按钮。

此时该单元格中的公式为"＝COUNTIF(C3:C24,"男")"。

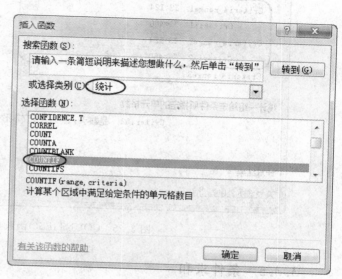

图 3.22　任务(3)~(7)

图 3.23　插入 COUNTIF()函数对话框

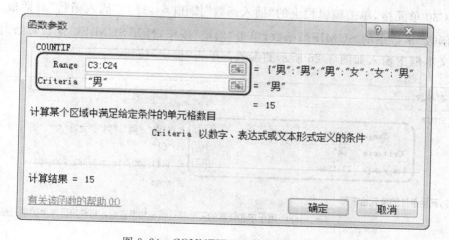

图 3.24　COUNTIF()函数参数对话框

女生人数同理可得，只需在相应位置将"男"改成"女"即可。

3.3.4　条件统计的运算

统计总分为 400~450 的人数。

选择 C29 单元格，单击编辑栏上的"插入函数"按钮 *fx*，打开"插入函数"对话框，选择统计函数 COUNTIFS()，单击"确定"按钮，打开 COUNTIFS()函数参数对话框，并在相应的文本框中输入如图 3.25 所示的参数。单击"确定"按钮。

此时，该单元格中的公式为"＝COUNTIFS(I3:I24,"＞＝400",I3:I24,"＜＝450")"。

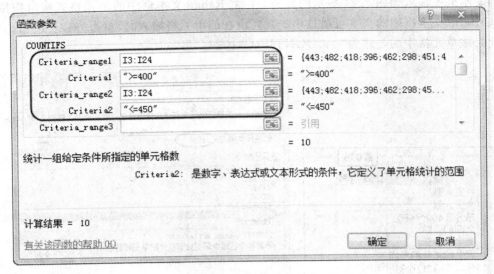

图 3.25　COUNTIFS()函数参数对话框

3.3.5　条件求和

统计男生的总分。

选择 C30 单元格，单击编辑栏上的"插入函数"按钮 *fx*，打开"插入函数"对话框，选择"数学与三角函数"函数中的 SUMIF()函数，单击"确定"按钮，打开 SUMIF()函数参数对话框，并在相应的文本框中输入如图 3.26 所示的参数。单击"确定"按钮。

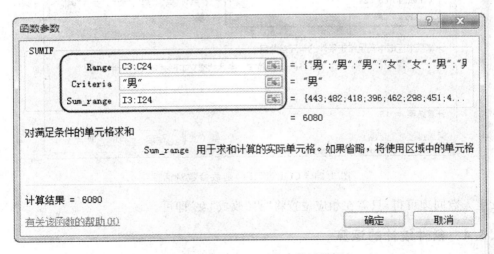

图 3.26　SUMIF()函数参数对话框

3.3.6 设定小数位数 ROUND( )

求计男生的总分的平均分,并利用公式四舍五入保留 2 位小数。

(1)总分平均分由公式"＝C30/C27"可得。

(2)选择 C31 单元格,单击编辑栏上的"插入函数"按钮 f_x,打开"插入函数"对话框,选择函数 ROUND(),单击"确定"按钮,打开 ROUND()函数参数对话框,并在相应的文本框中输入如图 3.27 所示的参数。单击"确定"按钮。

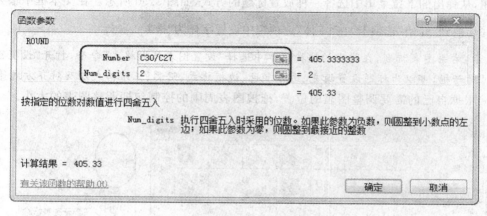

图 3.27　ROUND()函数参数对话框

3.3.7 计算最高分

计算"体育"成绩中的最高分。

选择 C32 单元格,单击编辑栏上的"插入函数"按钮 f_x,打开"插入函数"对话框并选择 MAX()函数,单击"确定"按钮,打开 MAX()函数参数对话框,并在相应的文本框中输入如图 3.28所示的参数。单击"确定"按钮。

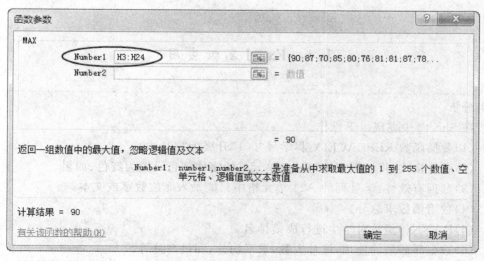

图 3.28　MAX()函数参数对话框

51

3.3.8　插入图表

用三维立体饼图展示男女生比例，并添加图表标题"男女生比例情况"，字体为楷体，字号为 14。

（1）选中单元格区域 B27：C28，切换到功能区的"插入"选项卡，在"图表"选项组中单击"对话框启动器"按钮，打开"插入图表"对话框，选择"饼图"中的"三维饼图"，如图 3.29 所示。单击"确定"按钮就插入了一个展示男女比例的三维饼图，同时也打开了"图表工具"选项卡。

（2）保持图表的选中状态。切换到功能区的"布局"选项卡，在"标签"选项组中单击"图表标题"按钮，从弹出的下拉菜单中选择一种放置标题的方式，如图 3.30 所示。在文本框中输入标题文本，并切换到"开始"选项卡，在"字体"选项组中设置字体为

提示：右击图表标题，在弹出的快捷菜单中选择"设置图表标题格式"命令，打开"设置图表标题格式"对话框，可以为标题设置填充、边框颜色、边框样式、阴影、三维格式以及对齐方式等。

（3）根据自己的需要调整图表的位置，拖拽图表周围的控制句柄调整图表的大小。

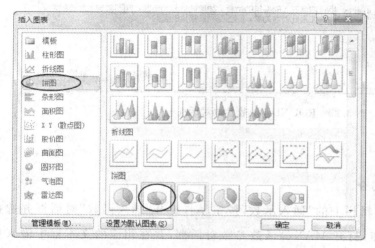

图 3.29　"插入图表"对话框

图 3.30　图表标题菜单

3.4　Excel 高级应用*

任务分析

在 Sheet2 中完成以下操作。

（1）替换函数 REPLACE()：将学号"001"升级为"2011001"。

（2）条件格式：将性别列为"男"的单元格的字体颜色设置为红色、加粗。

（3）数据有效性：学号列的 A24 单元格中只能录入 5 位数字或文本。

（4）数组函数求总分。

（5）RANK()函数对学生进行成绩排名。

（6）数据库函数的使用：统计人数，求平均分，和最高分等。

（7）使用查找函数 VLOOKUP（）奖励不同等级的同学。

（8）高级筛选。

（9）数据透视表。

3.4.1　替换函数 REPLACE（）

将学号为"001"升级为"2011001"。

（1）将光标定位在 B 列的任一单元格，切换到功能区的"开始"选项卡，单击"单元格"选项组中的"插入"按钮的向下箭头，从弹出的菜单中选择"插入工作表列"命令。在 B1 单元格输入"新学号"。

（2）选择 B2 单元格，单击编辑栏上的"插入函数"按钮 f_x，打开"插入函数"对话框，选择文本函数 REPLACE（），单击"确定"按钮打开 REPLACE（）函数参数对话框，在相应的文本框中输入如图 3.31 所示的参数。单击"确定"按钮，双击 B2 单元格的填充柄填充该列数据。

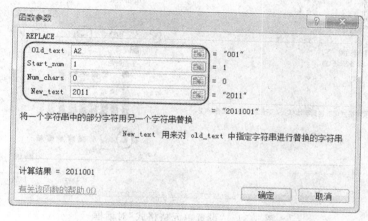

图 3.31　REPLACE（）函数参数对话框

3.4.2　条件格式的设置

将性别列为"男"的单元格字体颜色设置为红色、加粗。

选中 Sheet2 工作表中的"性别"列数据区域 D2:D23，选中 Sheet1 工作表中的"性别"列的数据区域，切换到功能区的"开始"选项卡，单击"样式"选项组的"条件格式"按钮，从弹出的菜单中选择"突出显示单元格规则"下的"等于"命令，如图 3.32 所示，打开"等于"对话框。在该对话框中，输入条件"男"，单击"设置为"文本框右侧的下拉按钮，从弹出的菜单中选择"自定义格式"，如图 3.33 所示，打开"设置单元格格式"对话框。在该对话框中，切换到"字体"选项卡，选择字形和颜色，如图 3.34 所示。单击"确定"按钮返回"等于"对话框，再单击"确定"按钮完成设置。

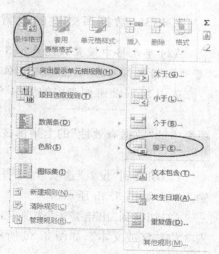

图 3.32　"条件格式"菜单

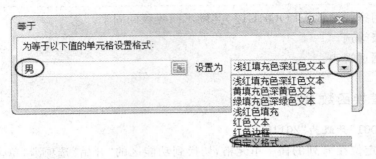

图 3.33 "等于"对话框

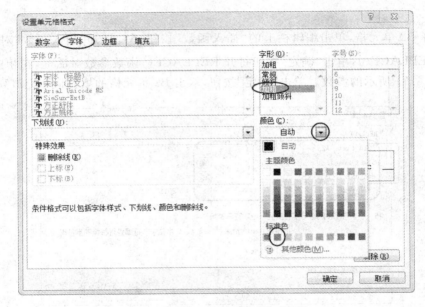

图 3.34 "设置单元格格式"对话框

3.4.3 数据有效性的设置

A24 单元格中设置只能录入 3 位数字或文本。当录入位数错误时，提示错误原因，样式为"警告"，错误信息为"只能录入 3 位数字或文本"。

选中 Sheet2 工作表中的 A24 单元格，切换到功能区的"数据"选项卡，单击"数据工具"选项组中的"数据有效性"的上半部按钮 ，打开"数据有效性"对话框。

(1)切换到"设置"选项卡，选择"允许"为"文本长度"，"数据"为"等于"，在"长度"文本框中输入"3"，如图 3.35 所示。

(2)切换到"出错警告"选项卡，选择"样式"为"警告"，在"错误信息"文本框中输入"只能录入 3 位数字或文本"，如图 3.36 所示，单击"确定"按钮完成设置。

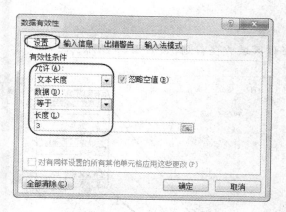

图 3.35 "设置"选项卡

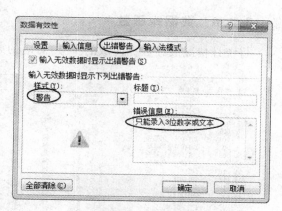

图 3.36 "出错警告"选项卡

3.4.4 数组函数

使用数组公式,统计学生的"总分",存放在 J 列。

在 J1 单元格中输入"总分",选中单元格区域,输入公式:"＝E2:E23＋F2:F23＋G2:G23＋H2:H23＋I2:I23"(各列数据区域可用鼠标拖拽选取),然后按下"Ctrl"＋"Shift"＋"Enter"组合键。此时公式编辑框显示为:f_x {=E2:E23+F2:F23+G2:G23+H2:H23+I2:I23}。

3.4.5 RANK( )函数排名

根据总分列进行学生成绩排名,存放在 K 列。

在 K1 单元格中输入"排名",选择 K2 单元格,单击编辑栏上的"插入函数"按钮 f_x,打开"插入函数"对话框,选择 RANK()函数,单击"确定"按钮。打开 RANK()函数参数对话框,并在相应的文本框中输入如图 3.37 所示的参数(用鼠标拖选选区后直接按"F4"功能键可快速实现绝对引用)。双击 K2 单元格的填充柄。

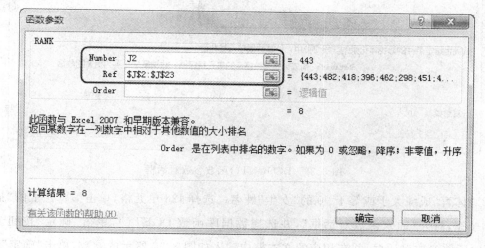

图 3.37 RANK( )函数参数对话框

3.4.6 数据库函数

将统计情况放在数据区域的下方，对应的条件区域放在右侧，如图 3.38 所示。

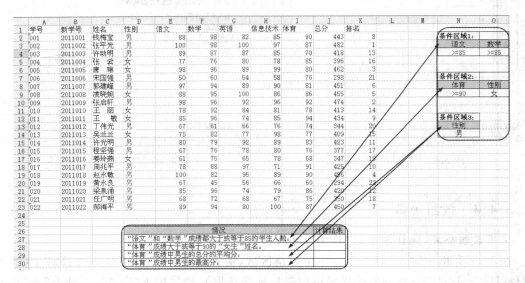

图 3.38 统计情况和条件区域

（1）"语文"和"数学"成绩都大于或等于 85 的学生人数。选择 J27 单元格，单击编辑栏上的"插入函数"按钮 *fx*，打开"插入函数"对话框并选择数据库函数 DCOUNT（），单击"确定"按钮打开 DCOUNT（）函数参数对话框，并在相应的文本框中输入如图 3.39 所示的参数，单击"确定"按钮。

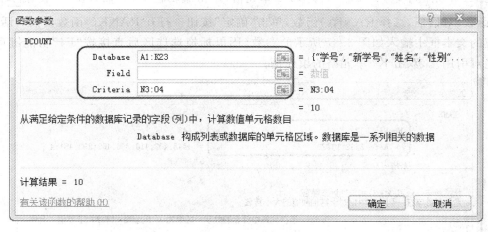

图 3.39 DCOUNT（）函数参数对话框

（2）"体育"成绩大于或等于 90 的"女生"姓名。选择 J28 单元格，单击编辑栏上的"插入函数" *fx* 按钮，打开"插入函数对话框"，并选择数据库函数 DGET（），单击"确定"按钮。打开 DGET（）函数参数对话框，并在相应的文本框中输入如图 3.40 所示的参数，单击"确定"按钮。

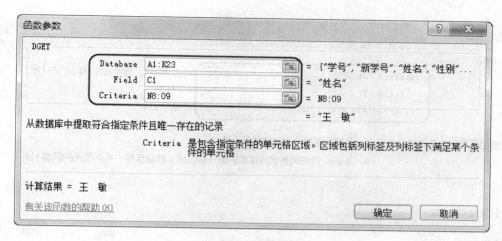

图 3.40 DGET 函数参数对话框

（3）"体育"成绩中男生总分的平均分。选择 J29 单元格，单击编辑栏上的"插入函数"按钮 f_x，打开插入函数对话框并选择数据库函数 DAVERAGE()，单击"确定"按钮。打开 DAVERAGE() 函数参数对话框，并在相应的文本框中输入如图 3.41 所示的参数，单击"确定"按钮。

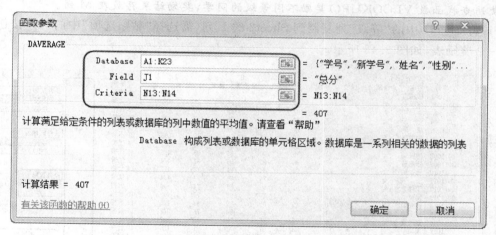

图 3.41 DAVERAGE() 函数参数对话框

（4）"体育"成绩中男生的最高分。选择 J30 单元格，单击编辑栏上的"插入函数"按钮 f_x，打开"插入函数"对话框，并选择数据库函数 DMAX()，单击"确定"，打开 DMAX() 函数参数对话框，并在相应的文本框中输入如图 3.42 所示的参数，单击"确定"按钮。

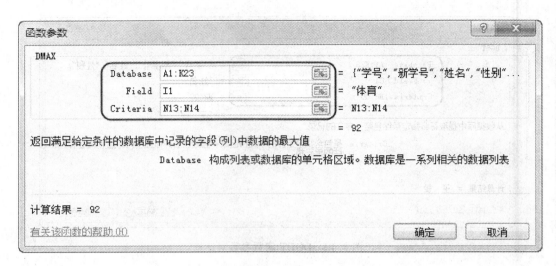

图 3.42　DMAX()函数参数对话框

3.4.7　查找函数

使用查找函数 VLOOKUP()奖励不同等级的同学，奖励结果存放在 M 列。

(1)将 Sheet1 中的"等级"列复制到 Sheet2 的 L 列(需选择"粘贴选项"中的"值"按钮)，并设定一个奖励表，如图 3.43 所示。

	A	B	C	D	E	F	G	H	I	J	K	L	M	N	O
1	学号	新学号	姓名	性别	语文	数学	英语	信息技术	体育	总分	排名	等级	奖励金额		
2	001	2011001	钱梅宝	男	88	98	82	85	90	443	8	优秀		条件区域1：	
3	002	2011002	张平光	男	100	98	100	97	87	482	1	优秀		语文	数学
4	003	2011003	许动明	男	89	87	87	85	70	418	13	合格		>=85	>=85
5	004	2011004	张 云	女	77	76	80	78	85	396	16	合格			
6	005	2011005	唐 琳	女	98	96	89	90	80	462	3	优秀		条件区域2：	
7	006	2011006	宋国强	男	50	60	54	58	76	298	21	不合格		体育	性别
8	007	2011007	郭建峰	男	97	94	89	90	81	451	6	优秀		>=90	女
9	008	2011008	凌晓婉	女	88	95	100	86	86	455	5	优秀			
10	009	2011009	张启轩	男	98	96	92	96	92	474	2	优秀		条件区域3：	
11	010	2011010	王 丽	女	78	89	84	81	78	413	14	合格		性别	
12	011	2011011	王 敏	女	85	96	74	85	94	434	9	优秀		男	
13	012	2011012	丁伟光	男	67	61	66	76	74	344	20	合格			
14	013	2011013	吴兰兰	女	75	82	77	98	77	409	15	合格			
15	014	2011014	许光明	男	80	79	92	89	83	423	11	合格			
16	015	2011015	程坚强	男	97	76	80	80	76	377	17	合格			
17	016	2011016	娄玲燕	女	61	75	65	78	68	347	19	合格			
18	017	2011017	周兆平	男	78	88	97	71	91	425	10	优秀			
19	018	2011018	赵永敏	男	100	82	95	90	89	456	4	优秀		奖励表	
20	019	2011019	黄永良	男	67	45	56	66	60	294	22	不合格		等级	奖励金额
21	020	2011020	梁泉涌	男	85	96	74	79	86	420	12	合格		优秀	200元
22	021	2011021	任广明	男	67	72	67	77	75	350	18	合格		合格	100元
23	022	2011022	郝海平	男	89	94	80	100	87	450	7	优秀		不合格	0元
24															
25															

图 3.43　奖励表和奖励金额列

(2)选择 M2 单元格，单击编辑栏上的"插入函数"按钮 f_x，打开"插入函数"对话框，选择 VLOOKUP()函数，单击"确定"按钮，打开 VLOOKUP()函数参数对话框，并在相应的文本框中输入如图 3.44 所示的参数(注意：Table_array 区域的绝对引用，可拖选选区后直接按"F4"功能键实现)，单击"确定"按钮。双击 M2 单元格的填充柄填充该列的数据。

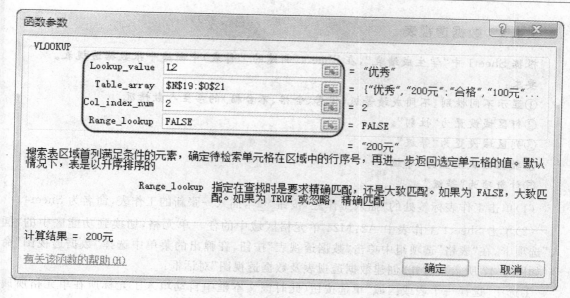

图 3.44　VLOOKUP（）函数参数对话框

3.4.8　高级筛选

将 Sheet1 中的"学生成绩表"复制到 Sheet3，并对 Sheet3 进行高级筛选。

要求：

①筛选条件为："性别"——"男"；"英语"——"≥90"；"信息技术"——"≥95"。

②将筛选结果保存在 Sheet3。

注意：

①无需考虑是否删除或移动筛选条件。

②数据表必须顶格放置。

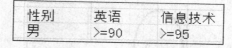

图 3.45　创建筛选条件

（1）选中 Sheet1 工作表中的 A1：M24 单元格区域，右击，在弹出的快捷菜单中选择"复制"命令。再右击 Sheet3 的 A1 单元格，在弹出的快捷菜单中选择"粘贴选项"中的"值"按钮。

（2）在 Sheet3 工作表空白区域创建筛选条件，如图 3.45 所示（建议直接复制 Sheet3 工作表中的相关字段）。

（3）单击数据清单中的任意单元格，然后切换功能区的"数据"选项卡，在"排序和筛选"选项组中单击"高级"按钮，打开"高级筛选"对话框。"列表区域"文本框中已自动填入数据清单所在的单元格区域，把光标定位在"条件区域"文本框内，用鼠标拖选前面创建的筛选条件区域，单击"确定"按钮，如图 3.46 所示。

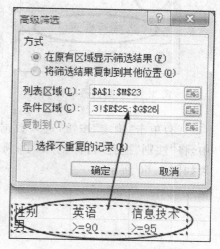

图 3.46　选择条件区域

3.4.9 数据透视表

根据 Sheet1 中"学生成绩表"，在 Sheet4（新建的工作表）中新建一张数据透视表。

要求：

①显示不同性别、不同成绩等级（优秀、合格、不合格）的学生人数情况。

②行区域设置为"性别"。

③列区域设置为"等级"。

④数据区域设置为"等级"。

⑤计数项为"等级"。

（1）单击工作表标签处的"插入工作表"按钮 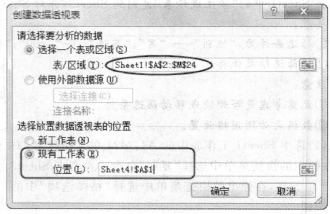，插入一张新的工作表，命名为 Sheet4。

（2）单击 Sheet1 工作表中 A2：M24 单元格区域中的任一单元格，切换到功能区中的"插入"选项卡，在"表格"选项组中单击"数据透视表"按钮，在弹出的菜单中选择"数据透视图"命令（如图 3.47 所示），打开"创建数据透视表及数据透视图"对话框：

①选中"选择一个表或区域"单选按钮（此时该文本框中自动填入了光标所在单元格所属的数据区域）；

②选择"现有工作表"单选按钮，将光标定位在"位置"右侧的文本框中，单击 Sheet4 工作表标签切换到 Sheet4 工作表，并单击 A1 单元格，如图 3.48 所示。

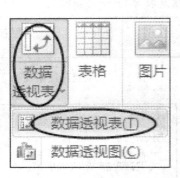

图 3.47 "数据透视表"菜单　　　图 3.48 "创建数据透视表"对话框

（3）单击"确定"按钮，进入数据透视表设计环境。从"选择要添加到报表的字段"列表框中，将"性别"拖到"行标签"框中；将"等级"拖到"列标签"和"Σ数值"框中，如图 3.49 所示。效果如图 3.50 所示。

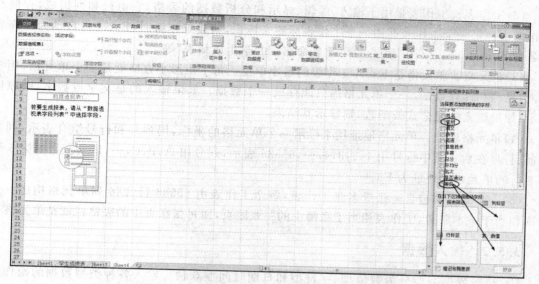

图 3.49　创建数据透视表及数据透视图设计环境

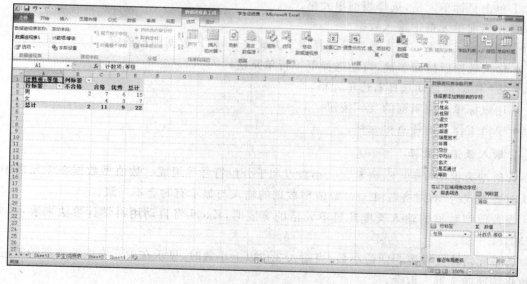

图 3.50　数据透视表效果图

3.5　知识链接

3.5.1　Excel 基本元素

（1）工作簿。在 Excel 中，工作簿是工作表、图表及宏表的集合，它以文件的形式存放在计算机的外存储器中，其扩展名为".xlsx"。新创建的工作簿，Excel 将自动为其命名为工作簿1，工作簿，…，用户也可重新命名。

（2）工作表。工作表是用于输入、编辑、显示和分析数据的表格，它由行和列组成，存储在工作簿中。每一个工作表都用一个工作表标签来标识，新建工作簿时，Excel 将自动为工作表命名为 Sheet1，Sheet2，…，用户也可重新命名，如"学生成绩表"等。

（3）单元格。单元格是 Excel 工作表的最小单位。每个矩形小方格就是一个单元格，用于输入、显示和计算数据，一个单元格内只能存放一个数据。如果输入的是文字或数字，则原样显示；如果输入的是公式或函数，则显示其结果。

（4）单元格地址。单元格地址用来标示一个单元格的坐标，用列号和行号组合表示，列号在前、行号在后。其中行号用 1，2，3，4，…，65536 表示，列号用 A，B，C，…，IV 表示，如第 5 列第 8 行的单元格的地址为 E8。

（5）一个工作簿包含一张或多张工作表，每个工作表由 65536 行、256 列单元格构成。工作簿相当于一本账簿，工作表相当于账簿中的一张账页，而每张账页中的表格栏就是单元格。

3.5.2　输入数据

Excel 的数据类型分为数值型、字符型和日期时间型 3 种。输入各种类型数据的操作方法如下。

①单击目标单元格，选择当前单元格。

②在当前单元格中输入数据。

③确认输入数据。输入数据后选择以下方式之一，输入数据即被确定：

- 输入数据后按回车键，自动选择下一行单元格；
- 按"Tab"键自动选择右边单元格；
- 用鼠标单击编辑框的"√"按钮；
- 单击工作表的任意单元格。

1. 输入数值型数据

数值型数据由 0～9、E、e、$ 、%、小数点和千分位符号等组成。数值型数据在单元格中的默认对齐方式为"右对齐"。Excel 数值型数据的输入与显示有时会不一致。

当数值型数据的输入长度超过单元格的宽度时，Excel 将自动用科学计数法来表示，如：1.25246E＋11。

若单元格格式设置为两位小数，当输入 3 位以上小数时，显示在单元格中的数据的第三位小数将按照四舍五入取舍。

Excel 的数据精度为 15 位，若数字长度超出 15 位，则多余的数字舍入为零。

当单元格中显示"＃＃＃＃＃＃＃＃"时，表示单元格的宽度不足以显示输入的数据，此时只需双击该单元格，改变单元格的宽度即可。

2. 输入字符型数据

字符型数据包括汉字、英文字母、数字、空格及键盘能输入的其他符号。字符型数据在单元格中的默认对齐方式为"左对齐"。对于由数码组成的数据，如邮政编码、电话号码等，当作字符处理时，则需要在输入的数字之前加一个西文单引号（'），Excel 将自动将它当作字符型数据处理。

当输入的字符长度超过单元格的宽度时，若单元格右边无数据，则扩展到右边单元格显示;否则,将按照单元格宽度截断显示。

3. 输入日期时间型数据

Excel 常用的日期格式有"mm/dd/yy"、"dd-mm-yy",年、月、日之间用斜线"/"或连字符"—"分隔。时间格式为"hh:mm[am/pm]",其中 am/pm 与时间之间应有空格,如 10:30AM。如果缺少空格,将当作字符型数据来处理。

输入当前日期的快捷方式为"Ctrl"+";"组合键;输入当前时间的快捷方式为"Ctrl"+"Shift"+";"组合键。

3.5.3 公式和函数

Excel 中的公式是以等号"="开头,由运算符和运算对象组合而成的。运算符包括算术运算符、比较运算符、文字运算符;运算对象可以是常量数值、函数、单元格引用及单元格或区域名称。

1. 公式中的运算符

Excel 公式中的运算符及公式的应用示例如表 3.2 所示。

表 3.2　Excel 公式中的运算符

类型	运算符	含　义	示　例
算术运算符	＋	加	5＋2.3
	—	减	B2—C2
	＊	乘	3＊A1
	/	除	A1/5
	％	百分比	30％
	^	乘方	5^2
比较运算符	＝	等于	(A1＋B1)＞C1
	＞	大于	A1＞B1
	＜	小于	A1＜B1
	＞＝	大于等于	A1＞＝B1
	＜＝	小于等于	A1＜＝B1
文本运算符	&	连接两个或多个字符串	"中国"&"长城"得到"中国长城"

2. 输入公式

输入公式时必须以"="开头,数值型数据只能进行＋、—、＊、/和^(乘方)等算术运算;日期时间型数据只能进行加减运算;字符串连接运算(&),可以连接字符串,也可以连接数字。连接字符串时,字符串两边必须加双引号(""),连接数字时,数字两边的双引号可有可无。

3.5.4 单元格的引用

在公式中引用单元格时,有相对引用、绝对引用和混合引用 3 种方式。当对公式进行复制时,相对引用的单元格会发生变化,而绝对引用的单元格将保持不变。通过单元格引用,可以在公式和函数中使用不同工作簿和不同工作表中的数据,或者在多个公式中使用同一个单元格的数据。

1. 相对引用

"相对引用"是指在公式复制时,该地址相对于目标单元格在不断地发生变化,这种类型的地址由列号和行号表示。例如,单元格 E2 中的公式为"＝SUM(B2:D2)",当该公式被复制到 E3、E4 单元格时,公式中的引用地址(B2:D2),会随着目标单元格的变化而自动变化为(B3:D3)、(B4:D4),目标单元格中的公式会相应变化为"＝SUM(B3:D3)"、"＝SUM(B4:D4)"。这是由于目标单元格的位置相对于源位置分别下移了一行和两行,导致参加运算的区域分别做了下移一行和下移两行的调整。

2. 绝对引用

"绝对引用"是指在公式复制时,该地址不随目标单元格的变化而变化。绝对引用地址的表示方法是在引用地址的列号和行号前分别加上一个"＄"符号,如＄B＄6、＄C＄6、(＄B＄1:＄B＄9)。这里的"＄"符号就像是一把"锁",锁定了引用地址,使它们在移动或复制时,不随目标单元格的变化而变化。

3. 混合引用

"混合引用"是指在引用单元格地址时,一部分为相对引用地址,另一部分为绝对引用地址,例如＄A1 或 A＄1。如果"＄"符号放在列号前,如＄A1,则表示列的位置是"绝对不变"的,而行的位置将随目标单元格的变化而变化。反之,如果"＄"符号放在行号前,如 A＄1,则表示行的位置是"绝对不变"的,而列的位置将随目标单元格的变化而变化。

4. 外部引用(链接)

同一工作表中的单元格之间的引用被称作"内部引用"。而在 Excel 中引用同一工作簿中不同工作表中的单元格,或引用不同工作簿中的工作表的单元格被称作"外部引用",也称之为"链接"。

引用同一工作簿内不同工作表中的单元格格式为:"＝工作表名!单元格地址"。例如"＝Sheet2!A1＋Sheet1!A4"表示将 Sheet2 中的 A1 单元格的数据与 Sheet1 中的 A4 单元格的数据相加,放入目标单元格中。

引用不同工作簿工作表中的单元格格式为"＝[工作簿名]工作表名!单元格地址"。例如"＝[Book1]Sheet1!＄A＄1－[Book2]Sheet2!B1"表示将 Book1 工作簿的工作表中的 A1 单元格的数据与 Book2 工作簿的工作表中的 B1 单元格的数据相减,放入目标单元格中。

3.6　Excel 典型试题分析

3.6.1　材料比热表(材料的种类)

1. 操作要求

(1)将 Sheet1 复制到 Sheet2 和 Sheet3 中,并将 Sheet1 更名为"材料表"。

（2）将 Sheet3 中"材料编号"和"材料名称"分别改为"编号"和"名称"，并删除比热等于 128 的行。

（3）在 Sheet2 中的 A12 单元格输入"平均值"，并求出 C、D、E 三列相应的平均值。

（4）在 Sheet2 表的第 1 行前插入标题行"材料比热表"，并设置为楷体，字号 20，合并 A1 至 E1 单元格，及水平对齐方式为居中。

（5）在 Sheet2 中，利用公式统计 8000≤密度＜9000 的材料种类，并把统计数据放入 A16 单元格。

图 3.51 为材料比热表数据。

	A 材料编号	B 材料名称	C 密度	D 比热	E 导热系数
2	234567	纯铝	2710	902	236
3	706090	铝合金M	2670	904	107
4	706290	铝合金S	2660	871	162
5	716095	纯铜	8930	386	398
6	702095	青铜	8800	343	24.8
7	706395	黄铜	8440	377	109
8	610404	铅	11340	128	35.3
9	610405	铂	21450	133	73.3
10	604090	银	10500	234	427
11	706045	铜合金C	8920	410	22.2

图 3.51　材料比热表

2. 操作步骤

（1）选中 Sheet1 内所有内容，将鼠标单击"右键"→"复制"，切换到 Sheet2，单击 A1 单元格，然后单击鼠标"右键"，在"粘贴选项中"选择第一项"粘贴"；切换到 Sheet3，单击 A1 单元格，然后单击鼠标"右键"，在"粘贴"选项中选择第一项"粘贴"；鼠标左键"双击"Sheet1 标签，图 3.52 所示，输入"材料表"。

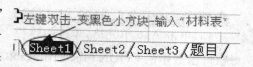

图 3.52　重命名工作表

（2）在 Sheet3 中，单击 A1 单元格，输入"编号"，确定；单击 B1 单元格，输入"名称"，确定；单击 ➡ 选中比热为 128 的行（第 8 行），右击，在弹出的快捷菜单中选择"删除"。

（3）在 Sheet2 中，单击 A12 单元格，输入"平均值"，单击 C12 单元格，单击"公式"工具栏的 Σ 自动求和 ▾ 按钮右边小箭头，选择"平均值"，确定。将鼠标移至 C12 单格右下角，鼠标指针变为实心十字形拖拽至 E12 单元格，完成自动填充，如图 3.53 所示。

（4）在 Sheet2 中，单击行号"1"，选中一整行单元格，右击，在弹出的快捷菜单中选择"插入"，如图 3.54 所示。在 A1 单元格中输入"材料比热表"，选择区域 A1:E1，右击，在弹出的快捷菜单中选择"设置单元格格式"，"字体"设置为楷体，"字号"为"20"，合并区域 A1：E1、水平居中，如图 3.55 所示。

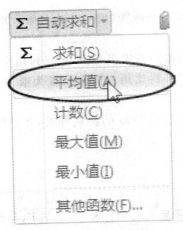

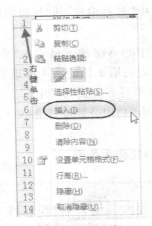

图 3.53　Σ 自动求平均值　　　　　　　图 3.54　插入行

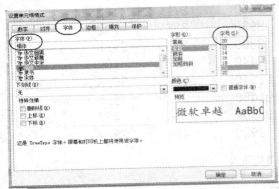

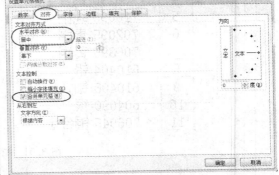

图 3.55　设置单元格格式

（5）单击 A16 单元格，单击编辑栏上的"插入函数"按钮 f_x，打开插入函数对话框并选择"统计"函数中的 COUNTIFS() 函数，单击"确定"打开 COUNTIFS() 函数参数对话框，并在相应的文本框中输入如图 3.56 所示的参数（注意：Criteria_range 各文本框中的单元格区域可拖拽鼠标输入），单击"确定"按钮。关于 2 个条件的统计，另外一种解法详见配套辅导书。

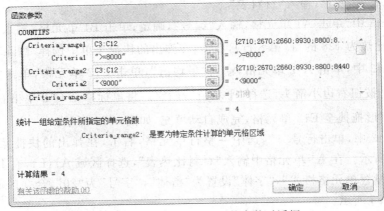

图 3.56　COUNTIFS() 函数参数对话框

3.6.2　库存表

1. 操作要求

（1）将"库存表"中除仪器名称为"真空计"、"照相机"、"录像机"的行外,全部复制到 Sheet2 中。

（2）将 Sheet2 中的"压力表"的"库存"改为 40 ,并重新计算"库存总价"(库存总价＝库存×单价)。

（3）将"库存表"中"仪器名称"、"单价"和"库存"三列复制到 Sheet3 中,并将 Sheet3 设置自动套用格式为"彩色 1"格式。

（4）将 Sheet2 表"库存总价"列宽调整为最合适的列宽,并按"库存总价"升序排列。

（5）在"库存表"中利用公式统计 20000≤库存总价＜30000 的商品库存数量,放入 H2 单元格。

库存数据如图 3.57 所示。

	A	B	C	D	E	F
1	仪器编号	仪器名称	进货日期	单价	库存	库存总价
2	102002	电流表	05/22/90	195	38	7410
3	102004	电压表	06/10/90	185	45	8325
4	102008	万用表	07/15/88	120	60	7200
5	102009	绝缘表	02/02/91	315	17	5355
6	301008	真空计	12/11/90	2450	15	36750
7	301012	频率表	10/25/90	4370	5	21850
8	202003	压力表	10/25/89	175	52	9100
9	202005	温度表	04/23/88	45	27	1215
10	403001	录像机	09/15/91	2550	5	12750
11	403004	照相机	10/30/90	3570	7	24990

图 3.57　库存表

2. 操作步骤

（1）在"库存表"中,选中区域 A1:F5,按住"Ctrl"键,选中区域 A7:F9,右击选择"复制"命令,切换到 Sheet2,单击 A1 单元格,右击选择"粘贴"命令。

（2）在 Sheet2 中,单击单元格 E7,输入"40",单击单元格 F7,输入公式"＝D7 * E7",确定。

（3）在"库存表"中,选中区域 B1:B11,按住"Ctrl"键,选中区域 D1:E11,右击选择"复制"命令,切换到 Sheet3,单击 A1 单元格,右击选择"粘贴"命令;选中 Sheet3 内所有内容,执行菜单"开始"→"套用表格格式"命令，展开下拉菜单,选择"彩色 1"。

（4）在 Sheet2 中,选中区域 F1:F8,执行菜单"开始"→"格式"→"自动调整列宽";选择区域 A1:F8,执行菜单"数据"→"排序"命令,打开"排序"对话框,设置"主要关键字"为"库存总价","次序"为"升序",确定,如图 3.58 所示。

（5）单击 H2 单元格,单击编辑栏上的"插入函数"按钮,打开"插入函数"对话框并选择"数学与三角函数"函数中的 SUMIFS() 函数,单击"确定"打开 SUMIFS() 函数参数对话框,并在相应的文本框中输入如图 3.59 所示的参数(注意:Criteria_lange 各文本框中的单元格区域可拖拽鼠标输入)，单击"确定"按钮。关于 2 个条件的求和，另外一种解法详见配套辅导书。

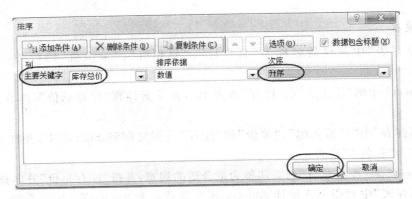

图 3.58　"升序"排列

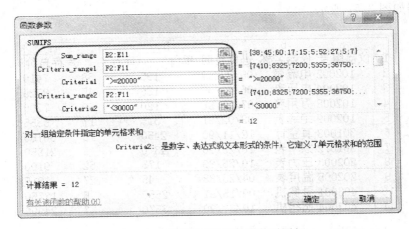

图 3.59　SUMIFS( )函数参数对话框

3.6.3　采购情况表 *

1. 操作要求

(1)在 Sheet1 中，使用条件格式将"瓦数"列中数据小于 100 的单元格中，字体颜色设置为红色、加粗显示。

(2)使用数组公式，计算 Sheet1"采购情况表"中的每种产品的采购总额，将结果保存到表中的"采购总额"列中。计算方法：采购总额＝单价×每盒数量×采购盒数

(3)根据 Sheet1 中的"采购情况表"，使用数据库函数及已设置的条件区域，计算以下情况的结果。

①计算：商标为上海，瓦数小于 100 的白炽灯的平均单价，并将结果填入 Sheet1 中的 G25 单元格中，保留 2 位小数。

②计算：产品为白炽灯，瓦数大于等于 80 且小于等于 100 的品种数，并将结果填入 Sheet1 中的 G26 单元格中。

(4)某公司对各个部分员工吸烟情况进行统计，作为人力资源搭配的一个数据依据。对于

调查情况,只能回答 Y(吸烟)或者 N(不吸烟)。根据调查情况,制作出 Sheet2 中的"吸烟情况调查表"。使用函数,统计符合以下条件的数值。

①统计未登记的部门个数,将结果保存在 B14 单元格中。

②统计在登记的部门中吸烟的部门个数,将结果保存在 B15 单元格中。

(5)使用函数,对 Sheet2 中的 B21 单元格中的内容进行判断,判断其是否为文本,如果是,单元格填充为"TRUE";如果不是,单元格填充为"FALSE",并将结果保存在 Sheet2 中的 B22 单元格中。

(6)将 Sheet1 中的"采购情况表"复制到 Sheet3 中,对 Sheet3 进行高级筛选。

要求:

①筛选条件为:产品为白炽灯,商标为上海;

②将结果保存在 Sheet3 中。

注意:

①无需考虑是否删除或移动筛选条件;

②复制过程中,将标题项"采购情况表"连同数据一同复制;

③数据表必须顶格放置。

(7)根据 Sheet1 中的"采购情况表",在 Sheet4 中创建一张数据透视表。

要求:

①显示不同商标的不同产品的采购数量;

②行区域设置为"产品";

③列区域设置为"商标";

④数据区域设置为"采购盒数";

⑤计数项为"采购盒数"。

2. 操作步骤

(1)选中 Sheet1 工作表中的"瓦数"列的数据区域,切换到功能区的"开始"选项卡,单击"样式"选项组的"条件格式"按钮 ![条件格式],从弹出的下拉菜单中选择"突出显示单元

格规则"下的"小于"命令(如图 3.60 所示),打开"小于"对话框。在该对话框中,输入条件"100",单击"设置为"文本框右侧的下拉按钮,从弹出的菜单里面选择"自定义格式"(如图 3.61 所示),打开"设置单元格格式"对话框。在该对话框中,切换到"字体"选项卡,选择字形和颜色(如图 3.62 所示)。单击"确定"按钮返回"等于"对话框,再单击"确定"按钮完成设置。

图 3.60　"条件格式"菜单

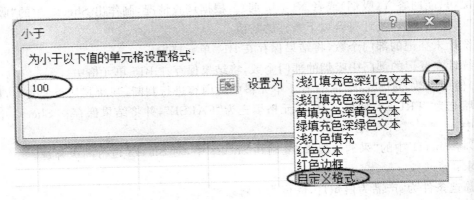

图 3.61 "小于"对话框

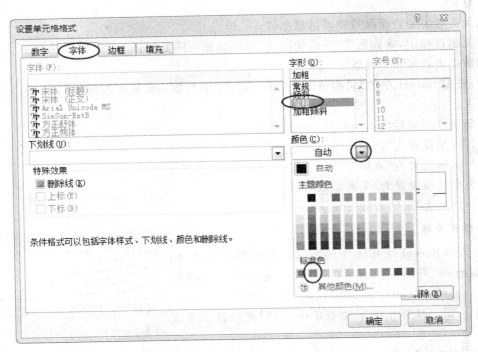

图 3.62 "设置单元格格式"对话框

（2）选中 H3:H18 单元格区域,输入公式"=E3:E18 * F3:F18 * G3:G18"（各列数据区域可用鼠标拖拽选取）,然后按下"Ctrl"+"Shift"+"Enter"组合键。

（3）单击 G25 单元格,插入数据库函数 DAVERAGE(),打开该"函数参数"对话框,输入如图 3.63 所示的参数,单击"确定"按钮。切换到功能区的"开始"选项卡,单击"数字"选项组中的"减少小数位数"按钮 数次,将小数位数减少到 2 位。

单击 G26 单元格,插入数据库函数 DCOUNT(),打开该"函数参数"对话框,输入如图3.64 所示的参数,单击"确定"按钮。

图 3.63　DAVERAGE()函数参数对话框

图 3.64　DCOUNT()函数参数对话框

（4）单击 Sheet2 的 B14 单元格，插入统计函数 COUNTBLANK()，打开该函数参数对话框，输入如图 3.65 所示的参数，单击"确定"按钮。

单击 Sheet2 的 B15 单元格，插入统计函数 COUNTIF()，打开该"函数参数"对话框，输入如图 3.66 所示的参数，单击"确定"按钮。

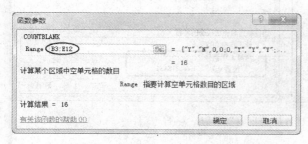

图 3.65　COUNTBLANK()函数参数对话框

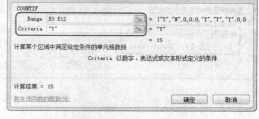

图 3.66　COUNTIF()函数参数对话框

（5）单击 Sheet2 的 B22 单元格，插入函数 ISTEXT()，打开该"函数参数"对话框，输入如图 3.67 所示的参数，单击"确定"按钮。

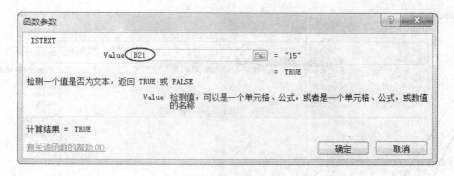

图 3.67　ISTEXT()函数参数对话框

（6）选中 Sheet1 工作表中的 A1：H18 单元格区域，右击，在弹出的快捷菜单中选择"复制"命令。再右击 Sheet2 的 A1 单元格，在弹出的快捷菜单中选择"粘贴"命令。

（7）在 Sheet2 工作表空白区域建立条件区域，如图 3.68 所示（建议直接复制 Sheet2 工作表中的相关字段）。选定数据清单中的任意一个单元格，然后切换功能区的"数据"选项卡，再"排序和筛选"选项组中单击"高级"按钮，打开"高级筛选"对话框："列表区域"文本框中已自动填入数据清单所在的单元格区域，把光标定位在"条件区域"文本框内，用鼠标拖选前面创建的筛选条件区域（如选择数据区域中的任意一个单元格，切换到功能区中的"插入"选项卡，在"表格"选项组中单击"数据透视表"按钮，在弹出的菜单中选择"数据透视表"命令（如图 3.68 所示），打开"创建数据透视表"对话框：①选中"选择一个表或区域"单选按钮（此时该文本框中自动填入了光标所在单元格所属的数据区域）；②选择"现有工作表"单选按钮，将光标定位在"位置"右侧的文本框中，单击 Sheet4 工作表标签切换到 Sheet4 工

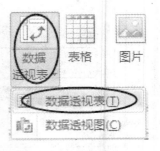

图 3.68 "数据透视表"菜单

作表，并单击 A1 单元格。设置效果如图 3.69 所示。

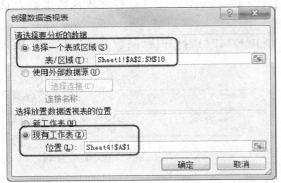

图 3.69 "创建数据透视表"对话框

单击"确定"按钮，进入数据透视表设计环境：从"选择要添加打报表的字段"列表框中，将"产品"拖到"行标签"框；将"商标"拖到"列标签"框；将"采购盒数"拖到"数值"框，如 3.70 所示。最后的效果图见图 3.71。

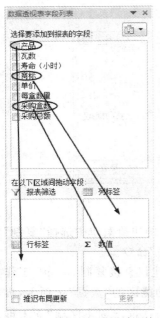

图 3.70 数据透视表设计环境　　　　　　　　图 3.71 数据透视表效果

3.6.4　零件检测结果表

1. 操作要求

（1）在 Sheet4 的 A1 单元格中设置为只能录入 5 位数字或文本。当录入位数错误时,提示错误原因,样式为"警告",错误信息为"只能录入 5 位数字或文本"。

（2）使用数组公式,根据 Sheet1 中"零件检测结果表"的"外轮直径"和"内轮直径"列,计算内外轮差,并将结果保存在"轮差"列中。计算方法:轮差＝外轮直径－内轮直径。

（3）使用 IF() 函数,对 Sheet1 中"零件检测结果表"的"检测结果"列进行填充。

要求:

①如果"轮差"<4mm,测量结果保存为"合格";否则为"不合格";

②将计算结果保存在 Sheet1 中"零件检测结果表"的"检测结果"列。

（4）使用统计函数,根据以下要求进行计算,并将结果保存在相应位置。

要求:

①统计轮差为 0 的零件个数,并将结果保存在 Sheet1 的 K4 单元格中;

②统计零件的合格率,并将结果保存在 Sheet1 的 K5 单元格中。

注意:

①计算合格率时分子分母必须用函数计算;

②合格率的计算结果保存为数值型小数点后两位。

（5）使用文本函数,判断 Sheet1 中字符串 2 在字符串 1 中的起始位置,并把返回结果保存在 Sheet1 中的 K9 单元格中。

（6）把 Sheet1 中的"零件检测结果表"复制到 Sheet2 中,并进行自动筛选。

要求:

①筛选条件为:"制作人员"为"赵俊峰","检测结果"为"合格";

②将筛选结果保存在 Sheet2 中。

注意:

①复制过程中,将标题项"零件检测结果表"连同数据一同复制;

②数据表必须顶格放置。

（7）根据 Sheet1 中的"零件检测结果表",在 Sheet3 中新建一张数据透视表。

要求:

①显示每个制作人员制作的不同检测结果的零件个数情况;

②行区域设置为"制作人员";

③列区域设置为"检测结果";

④数据区域设置为"检测结果";

⑤计数项为"检测结果"。

2. 操作步骤

（1）选中 Sheet4 工作表中的 A1 单元格,切换到功能区的"数据"选项卡,单击"数据工具"

选项组中的"数据有效性"的上半部按钮 ,打开"数据有效性"对话框。

　　①切换到"设置"选项卡，再选择"允许"为"文本长度"，"数据"为"等于"，在"长度"文本框中输入"5"，如图 3.72 所示。

　　②切换到"出错警告"选项卡，选择"样式"为警告，在"错误信息"文本框中输入"只能录入5位数字或文本"，如图 3.73 所示，单击"确定"按钮。

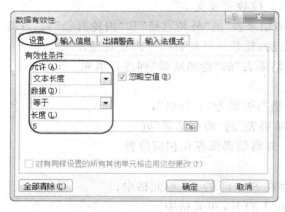 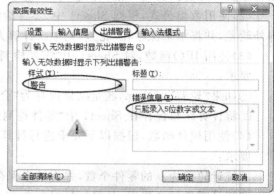

图 3.72　"设置"选项卡　　　　　　　　　　图 3.73　"出错警告"选项卡

　　（2）选中 Sheet1 中的 D3：D50 单元格区域，输入公式："＝B3：B50－C3：C50"，然后按下"Ctrl"＋"Shift"＋"Enter"组合键。

　　（3）单击 E3 单元格，插入逻辑函数 IF，在 IF 函数参数对话框中输入如图 3.74 所示的参数，单击"确定"按钮。双击 E3 单元格的填充柄。

　　（4）单击 K4 单元格，插入统计函数 COUNTIF()，在其函数参数对话框中输入如图 3.75 所示的参数，单击"确定"按钮。

  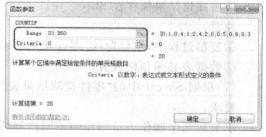

图 3.74　IF()函数参数对话框　　　　　　　图 3.75　COUNTIF()函数参数对话框

　　单击 K5 单元格，插入统计函数 COUNTIF()，在其"函数参数"对话框中输入如图 3.76 所示的参数，单击"确定"按钮。

　　观察结果，统计合格数的公式显示为"＝COUNTIF(E3：F50,"合格")"。再除以总数（由COUNTA()函数计算所得，对应的参数对话框如图 3.77 所示）即可。最后统计合格率的公式显示为"＝COUNTIF(E3：E50,"合格")/COUNTA(E3：E50)"。并设置小数位数为 2。

图 3.76 COUNTIF()函数参数对话框(求合格数)

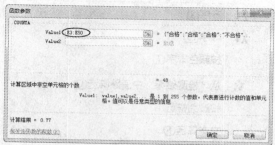

图 3.77 除以 COUNTA()函数

(5)单击 K9 单元格,插入文本函数 FIND(),在其"函数参数"对话框中输入如图 3.78 所示的参数,单击"确定"按钮。

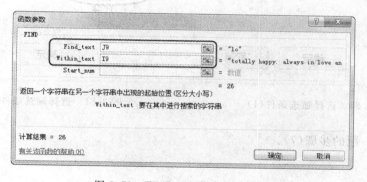

图 3.78 FIND()函数参数对话框

(6)选中 Sheet1 中 A1:F50 单元格区域,复制,单击 Sheet2 工作表的 A1 单元格,粘贴。单击数据区域的任一单元格,切换到功能区的"数据"选项卡,单击"排序和筛选"选项组中的"筛选"按钮，在表格中的每个标题右侧将显示一个下拉按钮,如图 3.79 所示。

图 3.79 自动筛选下拉按钮

单击"检测"右侧的下拉按钮,从弹出的下拉菜单中撤销选择"全选"复选框,仅勾选"合格"复选框(如图 3.80 所示);单击"制作人员"右侧的下拉按钮,从弹出的下拉菜单中,仅勾选"赵俊峰"复选框,(如图 3.81 所示)。单击"确定"按钮。

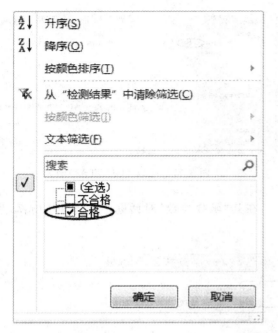

图 3.80　选择筛选条件(1)　　　　　　图 3.81　选择筛选条件(2)

(7)参考上一题的步骤(7)。

项目四

PowerPoint 幻灯片制作

教学目标

 **能力目标**

- 能创建图文并茂的演示文稿。
- 能修改幻灯片外观。
- 能为演示文稿添加动感。
- 能打包演示文稿。

 知识目标

- 掌握幻灯片的基本操作。
- 掌握幻灯片背景、母版、模板和版式的应用。
- 掌握幻灯片的图文处理。
- 掌握幻灯片的动画添加。
- 掌握幻灯片的超级链接和动作按钮的设置。

工作任务

建立"美丽的太湖"幻灯片演示文稿,并图文并茂地展示太湖的风景和特产,设置其背景和母版,修改幻灯片版式和主题,以美化幻灯片外观。最后为静态的幻灯片文稿加上动画效果、超级链接和动作按钮,美化放映效果。图 4.1 为完成后的效果图。

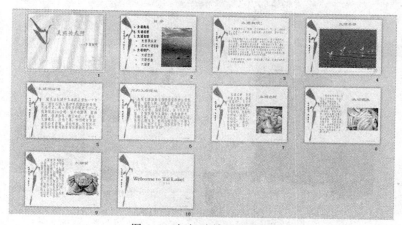

图 4.1　幻灯片效果预览图

4.1　创建、美化演示文稿

任务分析

创建演示文稿，并美化幻灯片：设置版式，给幻灯片添加背景样式，设置主题和母版。

4.1.1　新建空白演示文稿，插入新幻灯片，更换幻灯片版式

在对演示文稿进行编辑之前，首先应创建一个演示文稿。演示文稿在 PowerPoint 中的文件，它由一系列幻灯片组成。幻灯片可以包括醒目的标题、详细的说明文字、生动的图片以及多媒体组件等元素。

（1）新建空白演示文稿。启动 PowerPoint 应用程序，新建一个演示文稿，如图 4.2 所示。单击幻灯片中的提示，新建一张标题幻灯片，如图 4.3 所示，先保存该演示文稿。单击"文件"选项卡，在弹出的菜单中选择"保存"命令，打开"另存为"对话框。选择保存的路径，并在"文件名"文本框中输入"美丽的太湖"，单击"保存"按钮保存演示文稿，如图 4.4 所示。

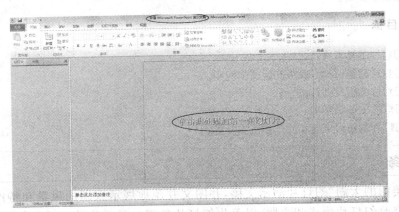

图 4.2　新建演示文稿

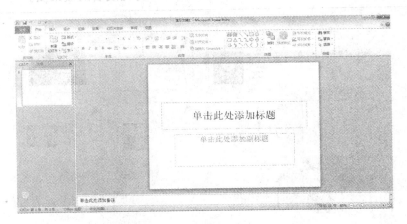

图 4.3　新建标题幻灯片

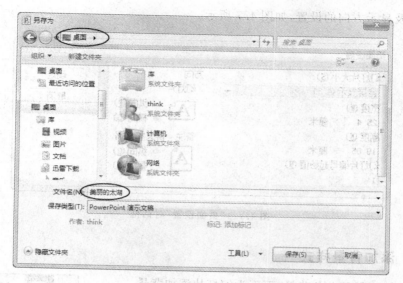

图 4.4　"另存为"对话框

（2）插入新幻灯片。切换到功能区的"开始"选项卡，在"幻灯片"选项组中单击"新建幻灯片"按钮的下拉箭头，从弹出的菜单中选择"标题和内容"版式，即可插入一张新的幻灯片，如图 4.5 所示。根据本项目的制作需要，重复该步骤插入版式各异的多张幻灯片。

（3）更换版式。如果幻灯片的版式不符合要求，可切换到功能区的"开始"选项卡，在"幻灯片"选项组中单击"版式"按钮，从弹出的菜单中选择版式即可，如图 4.6 所示。

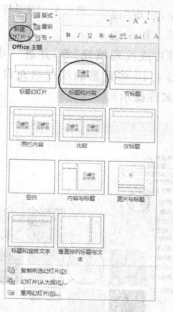

图 4.5　插入新幻灯片

图 4.6　"版式"下拉菜单

（4）更换页面设置。如果对幻灯片的默认页面设置（大小、显示方向）不满意，切换功能区的"设计"选项卡，单击"页面设置"选项组的"页面设置"按钮，打开"页面设置"对话框进行宽度、高度以及显示方向的设置，如图4.7所示。

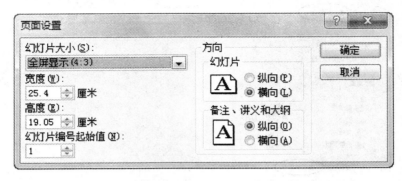

图4.7　"页面设置"对话框

4.1.2　添加背景样式

插入的幻灯片都是白色背景，下面为幻灯片添加背景。

选择第一张幻灯片。切换到功能区的"设计"选项卡，在"背景"选项组中单击"背景样式"按钮，弹出"背景样式"菜单，如图4.8所示。

（1）选用内置样式。右击选中的背景样式，弹出快捷菜单（如图4.8所示）：①如果要将该背景样式应用于所选幻灯片，单击"应用于所选幻灯片"；②如果要将该背景样式应用于演示文稿的所有幻灯片，则单击"应用于所有幻灯片"。

图4.8　"背景样式"菜单

（2）若自定义背景样式。选择"设置背景格式"命令，出现"设置背景格式"对话框，设置以填充方式或图片作为背景。如果选择"填充"，则可以指定以"纯色填充"、"渐变填充"和"图片或纹理填充"等，并进一步设置相关选项。图4.9将背景的渐变填充设置为"茵茵绿原"，图4.10将背景的纹理填充设置为"鱼类化石"（注意：鼠标指针在效果上移过，就会出现效果的名称提示）。

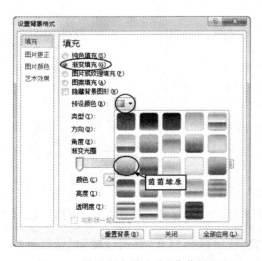

图4.9　设置渐变填充为"茵茵绿原"

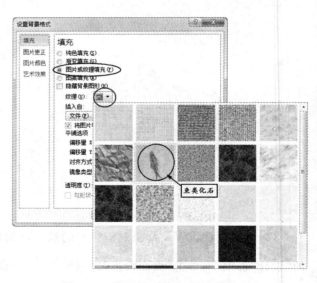

图4.10　设置纹理填充为"鱼类化石"

4.1.3 通过主题美化演示文稿

主题包括一组主题颜色、一组主题字体（包括标题字体和正文字体）和一组主题效果（包括线条和填充）。通过应用主题，用户可以快速而轻松地设置整个文档的格式，赋予它专业和时尚的外观。主题的设计在功能区的"设计"选项卡中放置。

（1）新建主题颜色。

①应用默认的主题：在"主题"选项组中单击合适的文档主题（单击右侧的"其他"按钮可以查看所有可用的主题），右击，在弹出的菜单中选择使用的方式。图 4.11 选用了内置的"交响乐主题"。

图 4.11 设置"交响乐主题"

②自定义主题：如果默认的主题不符合需求，还可以自定义主题。在"主题"选项组中单击"颜色"按钮，从菜单中选择"新建主题颜色"命令，打开"新建主题颜色"对话框。在"主题颜色"下，单击要更改的主题颜色元素对应的按钮，选择所需的颜色。图 4.12～图 4.14 为新建主题颜色的过程。

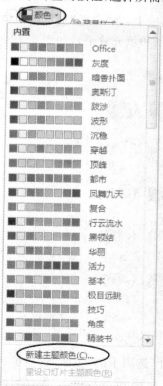

图 4.13 "新建主题颜色"对话框

图 4.12 "颜色"下拉菜单　　图 4.14 "颜色"对话框

②单击图4.14中的"确定"按钮，返回到"新建主题颜色"对话框（如图4.13所示），在"名称"框中输入一个适当的名称（默认的是"自定义1"），单击"保存"按钮完成设置。

（2）新建字体主题。切换到功能区的"设计"选项卡，在"主题"选项组中单击"字体"按钮，从下拉菜单中选择"新建主题字体"命令（如图4.15所示），弹出"新建主题字体"对话框，指定字体并命名后单击"保存"按钮，如图4.16所示。

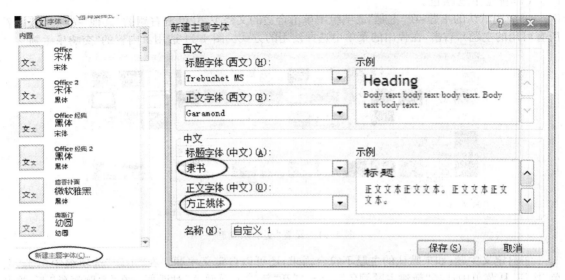

图4.15　"字体"下拉菜单　　　　　　　图4.16　"新建主题字体"对话框

（3）新建主题效果。切换到功能区的"设计"选项卡，在"主题"选项组中单击"主题效果"按钮，从下拉菜单中选择要使用的效果（用于制定线条和填充效果），如图4.17所示。

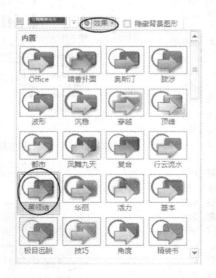

图4.17　新建效果

（4）保存新建的主题。设置完毕后，单击"设计"选项卡的"主题"选项组右下角的"其他"按钮，从下拉菜单中选择"保存当前主题"命令（如图4.18所示），弹出"保存当前主题"对话框，输入文件名并单击"保存"按钮（路径默认），如图 4.19 所示。

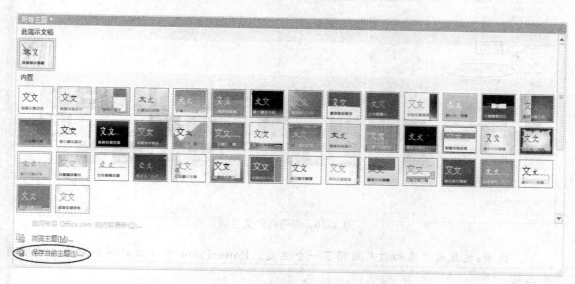

图 4.18　选择"保存当前主题"

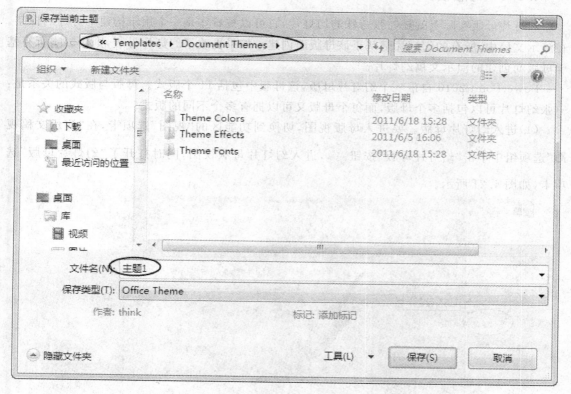

图 4.19　"保存当前主题"对话框

（5）应用新建的主题。保存的自定义主题出现在主题菜单中。右击在"主题 1"，从弹出的菜单中选择"应用于所有幻灯片"，则所有的幻灯片都应用了主题 1，如图 4.20 所示。

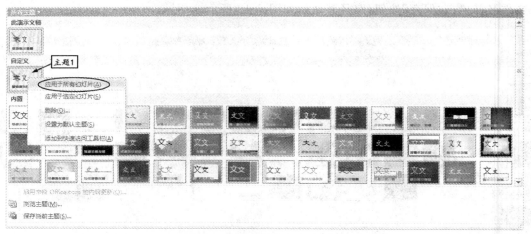

图 4.20　应用自定义主题

提示：这里对所有幻灯片应用了一个主题。PowerPoint 中可以对一个演示文稿使用多个主题。

4.1.4　母版设计

幻灯片母版实际上就是一张特殊的幻灯片，它可以被看作是一个用于构建幻灯片的框架。在演示文稿中，所有的幻灯片都基于该母版而创建。如果更改了幻灯片母版，则会影响所有基于母版而创建的演示文稿幻灯片。

PowerPoint 2010 自带一个幻灯片母版，该母版中包括 11 个版式。母版与版式的关系是：一张幻灯片可以包括多个母版，而每个母版又可以拥有多个不同的版式。

（1）进入幻灯片母版。要进入母版视图，切换到功能区的"视图"选项卡，在"演示文稿视图"选项组中单击"幻灯片母版"按钮，进入幻灯片母版视图，同时打开了"幻灯片母版"选项卡，如图 4.21 所示。

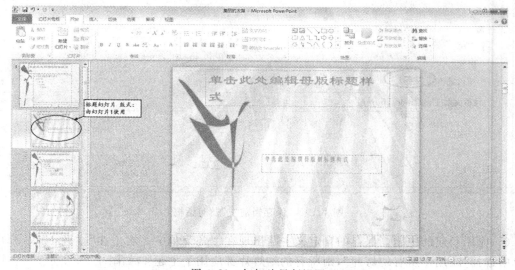

图 4.21　幻灯片母版视图

（2）修改母版。在母版视图中，可以根据需要，在适当的位置上放置一些图片或文字，这些文字在以后添加的新幻灯片中都会出现，还可以统一设置标题、段落的字体大小和项目符号的类型等。

幻灯片母版通常含有一个标题占位符，其余部分根据选择版式的不同，可以是文本占位符、图表占位符或者图片占位符。

①修改标题字体。选择"标题幻灯片"（鼠标在上面稍作停留，会出现如图 4.21 所示的提示），在标题区中单击"单击此处编辑母版标题样式"字样，即可激活标题区。选定其中的提示文字，切换到"开始"选项卡，在"字体"选项组中，将标题文本改为华文行楷、54 号、带下划线、添加文字阴影，并且居中，如图 4.22 所示（其他字体的修改同理）。

图 4.22　设置标题格式

②为每张幻灯片加上"美丽的太湖，我的家乡"。选择"幻灯片母版"，切换到功能区的"插入"选项卡，在"文本"选项卡中单击"文本框"按钮的向下箭头，在弹出的菜单中选择"垂直文本框"，如图 4.23 所示。在幻灯片母版的合适位置，添加一个垂直的文本框，并在其中输入"美丽的太湖，我的家乡"。切换到"开始"选项卡，设置字体的格式（大小、字体、颜色等）。

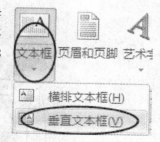

图 4.23　插入文本框

提示：用户还可以在母版中加入任何对象（如图片、图形等，或是一个 Logo），使每张幻灯片都自动出现该对象。方法是：切换到"插入"选项卡，在"插图"选项组中单击"图片"按钮，打开"插入图片"对话框，选择所需的图片，单击"插入"按钮，然后对图片的大小和位置进行调整。

③为标题之外的幻灯片添加页码和日期。选择"幻灯片母版"，切换到"插入"选项卡，单击"文本"选项组的"页眉和页脚"按钮，打开"页眉和页脚"对话框：在"幻灯片"选项卡下，勾选"日期和时间"复选框；选中"自动更新"按钮，并选择一种日期的显示格式；勾选"幻灯片编号"复选框；勾选"标题幻灯片中不显示"复选框，如图 4.24 所示。单击"全部应用"按钮，将会在演示文稿的标题幻灯片之外显示幻灯片编号和日期。用户还可以根据需要调整编号和日期的位置。

④修改完毕，切换到"幻灯片母版"选项卡，单击"关闭母版视图"按钮关闭母版视图，返回普通视图。效果如图 4.25 所示。

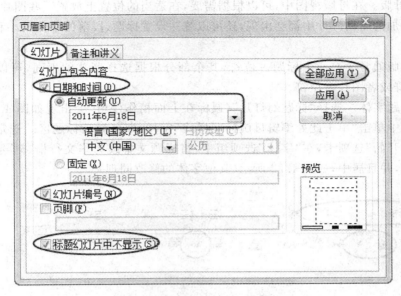

图 4.24　添加页码和日期

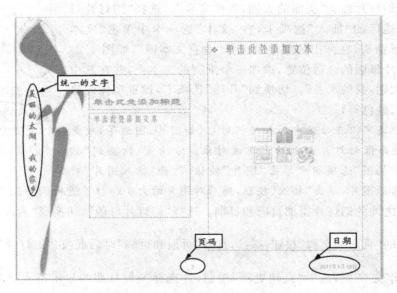

图 4.25　应用了母版的幻灯片

4.2　图文处理

任务分析

　　为演示文稿中加入图文素材，并排版文字、设置图片。

4.2.1　文本的处理

在幻灯片的文本框中输入文本。如果文本框不能满足需要，可以根据自己所需插入文本框。

(1)设置文本格式。如果之前设置的字体不符合要求，还可改变字体、字号、颜色、调整字符间距。切换到功能区的"开始"选项卡，在"字体"选项组中选择对应按钮进行修改。

(2)调整段落格式。段落是带有一个回车符的文本，用户可以改变段落的对齐方式、设置段落缩进、调整段间距和行间距等。切换到功能区的"开始"选项卡，在"段落"选项组中选择对应按钮进行修改。

(3)使用项目符号使文字更具条理性。添加项目符号有助于把一系列重要的条目或论点与文档中的文本区分开来。切换到功能区的"开始"选项卡，在"段落"选项组中单击"项目符号"按钮的向下箭头，在弹出的下拉菜单中选择所需的项目符号，如图 4.26 所示。如果预定义的项目符号不符合要求，可以单击"项目符号"下拉菜单中的"项目符号和编号"命令，打开"项目符号和编号"对话框，按自己要求设置，如图 4.27 所示。

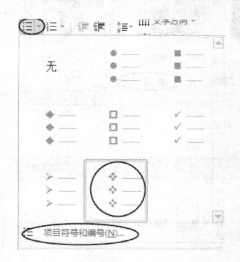

图 4.26　项目符号下拉菜单

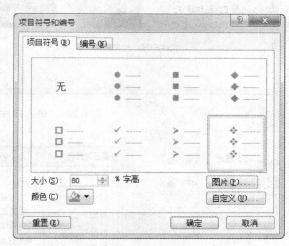

图 4.27　"项目符号和编号"对话框

4.2.2　图片的处理

(1)插入图片。

①在普通视图中，显示要插入图片的幻灯片。

②切换到功能区的"插入"选项卡，在"图像"选项组中单击"图片"按钮，打开"插入图片"对话框。找到图片文件的路径，单击文件列表框中的文件名或单击要插入的图片后再单击"插入"按钮，将图片插入到幻灯片中，如图 4.28 所示。

(2)设置图片。右键图片，在弹出的快捷菜单中选择"设置图片格式"(如图 4.29 所示)，打开"设置图片格式"对话框(如图 4.30 所示)，根据需要对图片的各要素进行设置。

另外，图片的大小和位置可手动调节。单击图片后，图片的四周会出现 8 个控制句柄，拖动控制句柄能随意调整图片的大小和位置。

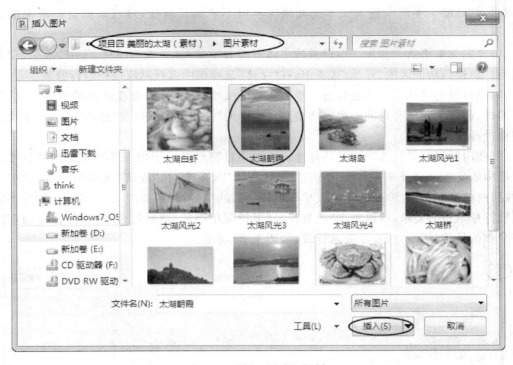

图 4.28 "插入图片"对话框

图 4.29 图片的快捷菜单

图 4.30 "设置图片格式"对话框

（3）插入艺术字。选择要插入艺术字的幻灯片，切换到功能区的"插入"选项卡，单击"文本"选项组中的"艺术字"按钮，弹出"艺术字"下拉列表（如图 4.31 所示），单击选择一种艺术字风格后，在幻灯片中出现如图 4.32 所示的操作提示，同时打开了"绘图工具"选项卡。删除提示文本，输入"Welcome to Tai Lake！"文本。

在"绘图工具"选项卡下可以设置艺术字的各种要素，如形状填充、文本填充等。也可以拖拽艺术字的控制句柄调整艺术字的大小和位置。

至此，根据自己的设计思想，一个静止的演示文稿创建完毕。幻灯片预览效果如图 4.1 所示。

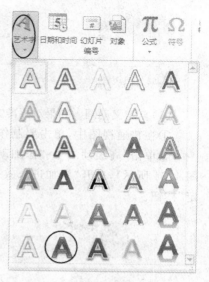

图 4.31 "艺术字"下拉列表

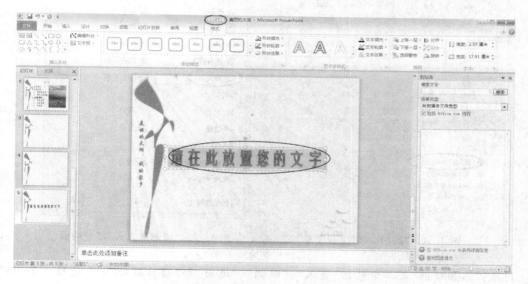

图 4.32 插入艺术字

4.3 为演示文稿添加动感效果

任务分析

对幻灯片设置动画，让原本静止的演示文稿更加生动。

4.3.1 添加动画

在普通视图中，单击要制作成动画的对象。切换到功能区的"动画"选项卡，从"动画"选项组的"动画"列表中选择所需的动画效果，如图 4.33 所示。

图 4.33　动画列表

（1）自定义动画。如果对标准方案不满意，还可以为幻灯片的文本和对象添加自定义动画。

①在普通视图中，单击要制作成动画的对象。

②单击"高级动画"→"添加动画"按钮，从弹出的下拉菜单中选择"更多进入效果"命令（如图 4.34 所示），打开"添加进入效果"对话框，如图 4.35 所示。选择需要的动画效果，单击"确定"按钮。

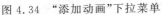
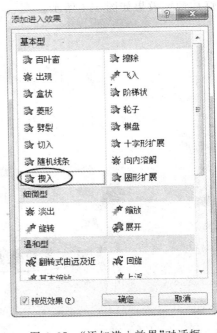

图 4.34　"添加动画"下拉菜单　　　　图 4.35　"添加进入效果"对话框

提示："添加动画"菜单中包括"进入"、"强调"、"退出"和"动作路径"4 个选项。其中："进入"选项用于设置幻灯片放映对象进入界面时的效果；"强调"选项用于演示过程中对需要强调的部分设置的动画效果；"退出"选项用于设置在幻灯片放映时相关内容退出时的动画效果；"动作路径"选项用于指定相关内容放映时动画所通过的运动轨迹。

（2）为对象添加第二种动画。

①选择刚添加动画效果的对象。

②单击"高级动画"选项组中的"添加动画"按钮，从弹出的下拉菜单中选择"更多强调效果"命令，打开"添加强调效果"对话框。选择一种想要的动画效果，单击"确定"按钮。

③在"计时"选项组中，从"开始"下拉列表框中选择每个效果的开始方式，如图 4.36 所示。

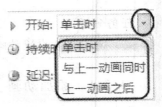

图 4.36　"计时"下拉菜单

④对象前显示的数字,表示动画在该页的播放次序。也可单击"高级动画"选项组的"动画窗格"按钮,打开动画窗格,查看次序,如图 4.37 所示。

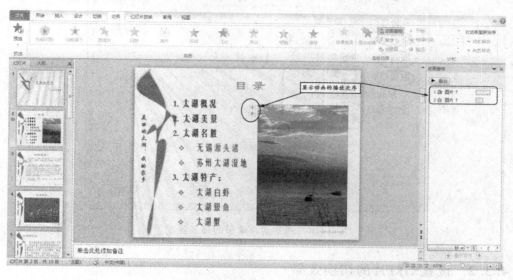

图 4.37　查看动画的播放次序

(3)删除动画效果,有以下 2 种方法。

①选择要删除动画的对象,然后在"动画"选项卡的"动画"组中,单击"无"按钮。

②打开动画窗格,在列表区域中右击要删除的动画,在弹出的菜单中选择"删除"命令。

(4)调整多个动画间的播放顺序。选择要调整顺序的动画,单击"动画窗格"列表框下方的"重新排序"按钮(如图 4.38 所示),或用鼠标拖拽实现。

(5)设置动画计时。在"动画窗格"中,选择要调整播放速度的动画,单击右侧的下拉按钮,在弹出的菜单中选择"计时"命令(如图 4.39 所示),打开该动画效果的"计时"选项卡(如图 4.40所示),设置动画计时:①"延迟"文本框:输入该动画与上一动画之间的延迟时间;②"期间"下拉框:选择动画的速度;③"重复"下拉框:设置动画的重复次数。

图 4.38　动画窗格

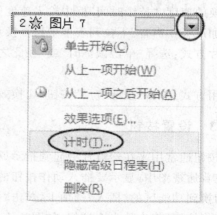

图 4.39　选择动画的"计时"命令

91

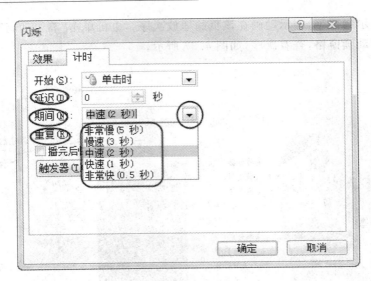

图 4.40　调整动画效果的播放速度

4.3.2　设置幻灯片的切换效果

所谓幻灯片切换，就是指两张连续的幻灯片之间的过渡效果，也就是从上一张幻灯片转到下一张幻灯片之间要呈现的效果。

（1）在普通视图左侧的"幻灯片"选项卡中，单击某个幻灯片缩略图。

（2）切换到功能区的"切换"选项卡，在"切换到此幻灯片"选项组中单击一个幻灯片切换效果。如果要查看更多的切换效果，单击"其他"按钮，如图 4.41 所示。

图 4.41　"切换"选项卡

（3）在"计时"选项组中设置切换的其他要素。

①切换的速度："持续时间"框中输入速度值。

②添加声音："声音"下拉列表框中选择换页时的声音。

③换片方式：选择"单击鼠标时"或"在此之后自动设置动画效果"设置幻灯片切换的换页方式。

④应用方式：单击"全部应用"按钮，切换效果将应用于整个演示文稿。

4.3.3　设置按钮

动作按钮通常用来在幻灯片中起到指示、引导或控制播放的作用。

（1）在普通视图中，显示要插入动作按钮的幻灯片。

（2）切换到功能区的"插入"选项卡，单击"插图"选项组的"形状"按钮，从弹出的下拉菜单中选择"动作按钮"组内的一个按钮，如图 4.42 所示。

（3）按住鼠标左键在幻灯片中拖动。弹出"动作设置"对话框，选择该按钮将要执行的动作,如图 4.43 所示。

提示:PowerPoint 支持以下 2 种功能。

①为"空白动作按钮"添加文本。右击插入空白动作按钮,从弹出的菜单中选择"编辑文本"命令,此时,插入点位于按钮所在的框内,输入按钮文本即可。

②格式化动作按钮的形状。选定要格式化的动作按钮,切换到功能区的"格式"选项卡,从"形状样式"中选择一种形状。还可以进一步利用"形状样式"选项组中的"形状填充"、"形状轮廓"与"形状效果"按钮,修改按钮的形状。

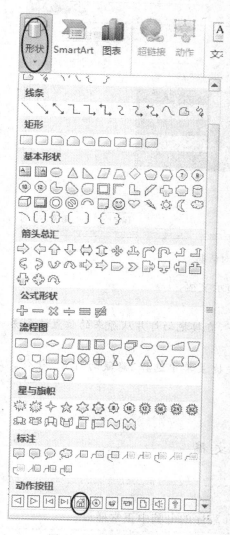

图 4.42　选择动作按钮

图 4.43　"动作设置"对话框

4.3.4　使用超链接

超链接是指从一个网页指向一个目标的链接关系,该目标可以是另一个网页,也可以是相同网页上的不同位置,还可以是一个图片、一个电子邮件地址、一个文件,甚至一个应用程序。

在 PowerPoint 中也可以通过在幻灯片插入超链接，使用户直接跳转到其他幻灯片、其他文档或 Internet 上的网页中。

（1）在普通视图中，选定要作为超链接的对象。

（2）切换到功能区的"插入"选项卡，在"链接"选项组中单击"超链接"按钮，打开"插入超链接"对话框，按设计要求选择链接目标，单击"确定"按钮，如图 4.44 所示。

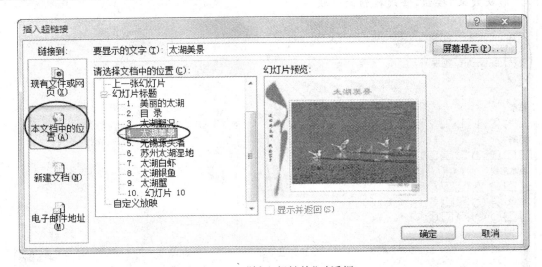

图 4.44 "插入超链接"对话框

根据自己的设计思想，制作一个充满动感活力的演示文稿。

提示：另外，我们还可以设置幻灯片的放映方式。

①调整放映次序：在普通视图或幻灯片浏览视图下，直接把幻灯片从原来的位置拖到另一个位置。

②隐藏幻灯片：右击要隐藏的幻灯片，在弹出的快捷菜单中选择"隐藏幻灯片"命令。此时，幻灯片的编号上会出现一个斜线方框。

4.4 打包演示文稿

任务分析

打包演示文稿，使其能在没有安装 PowerPoint 程序的电脑中正常播放。

所谓打包，就是指将于演示文稿有关的各种文件都整合到同一个文件夹中。若该文件夹被整体复制到其他计算机并启动其中的播放程序，即使目标计算机中没有安装 PowerPoint 程序，演示文稿也可以正常播放。

（1）单击"文件"选项卡，在弹出的菜单中单击"保存并发送"命令，然后选择"将演示文稿打包成 CD"命令，再单击"打包成 CD"按钮，如图 4.45 所示。

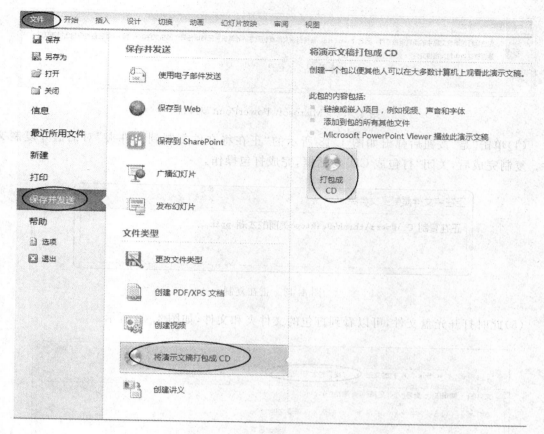

图 4.45 单击"打包成 CD"按钮

（2）此时，弹出"打包成 CD"对话框，在"将 CD 命名为"右侧的文本框中输入打包后演示文稿的名称。再单击"复制到文件夹"按钮，打开"复制到文件夹"对话框，输入文件夹的名称并选择存放的路径，单击"确定"按钮，如图 4.46 所示。

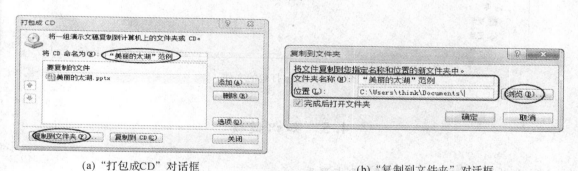

(a) "打包成CD"对话框　　　　　　　　　　　　　　　(b) "复制到文件夹"对话框

图 4.46 打包成 CD

（3）此时，弹出如图 4.47 所示的"Microsoft PowerPoint"对话框，提示程序将链接的媒体文件复制到打包的文件夹。单击"是"按钮将完成打包成 CD 操作，并包含所有链接。

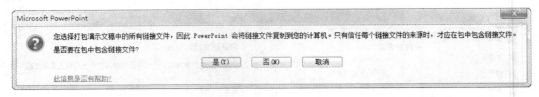

图 4.47　"Microsoft PowerPoint"对话框

（4）单击"是"按钮后弹出如图 4.48 所示的"正在将文件复制到文件夹"对话框并复制文件。复制完成后，关闭"打包成 CD"对话框，完成打包操作。

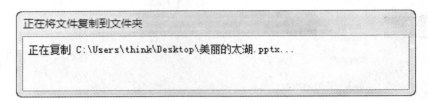

图 4.48　正在复制

（5）此时打开光盘文件，可以看到打包的文件夹和文件，如图 4.49 所示。

图 4.49　显示打包的文件

4.5　知识链接

1. 演示文稿与幻灯片之间的区别与联系

演示文稿与幻灯片之间的关系就像一本书和书中的每一页之间的关系。一本书由不同的页数组成，各种文字和图片都书写、打印到每一页上；演示文稿由幻灯片组成，所有数据包括数字、符号、图片以及图表等都输入到幻灯片中。使用 PowerPoint 2010 可以创建很多个演示文稿，而在演示文稿中又可以根据需要新建很多幻灯片。

2. **PowerPoint 制作演示文稿的基本原则与技巧**

(1)选择适当的模板与背景。用于演示的幻灯片设计精巧、美观固然重要,但不能喧宾夺主,要重点突出演示内容。PowerPoint 软件为使用者提供了大量的适用模板,可以根据自己需要展示主题的特点进行选择。一般,用于教学的幻灯片应选择简洁的模板,用于产品展示的幻灯片可以选择设计活泼的模板。背景与主体色彩对比要鲜明,如果幻灯片是在投影屏幕上放映,制作时宜选择比较淡的背景,主体颜色应深一些;如果在电视、计算机屏幕上放映,背景颜色应深一些,主体颜色应淡一些。一般在投影屏幕上放映的以经典的白色文字衬以深蓝色的背景,可以避免视觉疲劳。

(2)文字的恰当处理。一张幻灯片中放置的文字信息不宜过多,制作时应尽量精简,不要将说明书或教材上的文字全部照搬到幻灯片上。一般来说,幻灯片上的文字只是标题和提纲,必要的补充说明资料,可以添加幻灯片显示。

● 字体选择。如果连贯的文字较多,以选用宋体为佳。标题可以选择不同的字体(不要超过 4 种为宜),并且最好少用或不用草书、行书、艺术字体和偏僻字体,因为这些字体看起来比较费神,或者导致异地放映时出现不正常现象,影响显示效果。

● 字号大小。要根据演示会场或教室的大小和投放比例而定。字号太小(20 号以下),坐在后排的观众会看不清;字号过大,前排的观众看着晃眼。一般来说,标题选用 32～36 号字为宜,加粗、加阴影效果更好,其他内容可以根据空间情况在 22～30 号字中选择,并注意保持同级内容字号的一致性。

● 字体颜色。可将标题或需要突出的文字改用不同颜色加以显示,但同一幻灯片的文字颜色不要超过 3 种,要注意整个画面的协调,不要将画面弄得五颜六色,让人看了眼花缭乱,分散注意力。

(3)图片处理。在幻灯片中剪辑一张好的图片可以减少大篇幅的文字说明,而且制作图文并茂的幻灯片,会获得事半功倍的演示效果。图片一般经过处理才能使用。

● 图片格式转换。利用图片处理软件(如 Photoshop 等)将不同格式的图片转换成 JPG 格式,图片像素大小控制字 600 点以内(容量大小可小于 130KB),这样可以减少文件占用过多的磁盘空间。

● 图片的编辑。①裁剪图片,根据图片要表达的中心内容,裁剪图片四周多余图案;②图片亮度和对比度调节,由于数字投影仪射出的图片效果要比计算机屏幕上显示的亮,因此,幻灯片的图片应尽量降低亮度和对比度;③图片大小及位置调整,一般情况下,图片不宜过大,以占到整个幻灯片画面的 1/5～1/4 为宜,最大也不要超过画面的 1/3。

(3)动画设置。PowerPoint 为用户提供了丰富的动画设置内容。适当的动画效果对演示文稿内容能够起到承上启下、因势利导、激发观众的作用。设置动画时,为避免分散观众的注意力,尽量不要使用动感过强的动画效果,并注意排好幻灯片播放的顺序与时间。

(4)演示文稿的打包。为了保证制作的演示文稿能够在不同的计算机上顺利播放,较好的方法就是利用 PowerPoint 的打包命令。打包时注意要把制作幻灯片时用到的字体、动画和影音文件一起打包。如果在没有安装 PowerPoint 的电脑上播放,还要将 PowerPoint 播放器一起打包。

3. **PowerPoint 的视图方式**

视图是指在使用 PowerPoint 制作演示文稿时窗口的显示方式。PowerPoint 为用户提供了多种不同的视图方式,每种视图都将用户的处理焦点集中在演示文稿的某个要素上。

(1)普通视图。

当启动 PowerPoint 并创建一个新演示文稿时,通常会直接进入普通视图,可以在其中输入、编辑并格式化文字,管理幻灯片以及输入备注信息。要从其他视图切换到普通视图,需先切换到功能区的"视图"选项卡,在"演示文稿视图"选项组中单击"普通视图"按钮,进入普通视图,如图 4.50 所示。

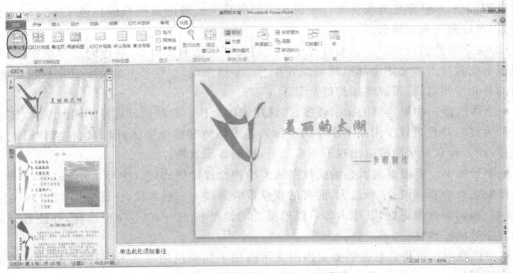

图 4.50 普通视图下的缩略图模式

普通视图是一种三合一的视图方式,将幻灯片、大纲和备注页视图集成到一个视图中。

在普通视图的左窗格中,有"大纲"选项卡和"幻灯片"选项卡。单击"大纲"选项卡,可以方便地输入演示文稿要介绍的一系列主题,更易于把握整个演示文稿的设计思路,如图 4.51 所示。单击"幻灯片"选项卡,系统将以缩略图的形式显示演示文稿的幻灯片,易于展示演示文稿的总体效果。

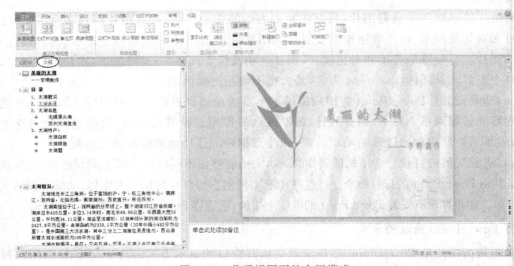

图 4.51 普通视图下的大纲模式

用户还可以拖动窗格之间的分隔条，调整窗口的大小。

（2）幻灯片浏览视图。

在幻灯片浏览视图（如图 4.52 所示）中，能够看到整个现实文稿的外观。在该视图中可以对演示文稿进行编辑，包括改变幻灯片的背景设计，调整幻灯片的顺序，添加或删除幻灯片，复制幻灯片等。

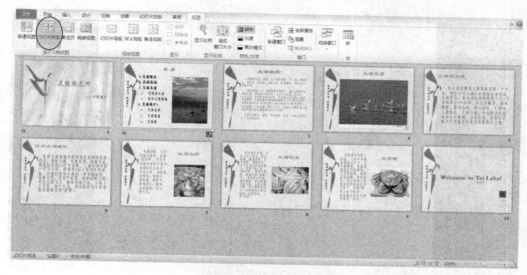

图 4.52　幻灯片浏览视图

（3）备注页视图。

一个典型的备注页视图会看到在幻灯片图像的下方带有备注页方框（如图 4.53 所示）。当然，还可以打印一份备注作为参考。

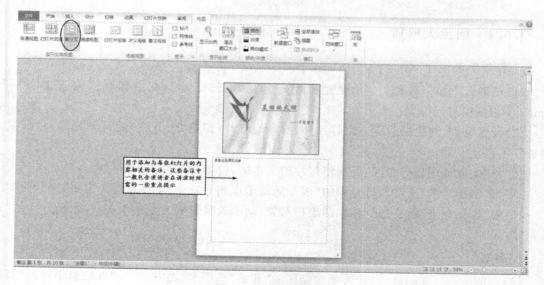

图 4.53　备注页视图

（4）阅读视图。

阅读视图（如图 4.54 所示）是利用自己的计算机查看演示文稿。

如果你希望在一个设有简单控件以方便审阅的窗口中查看演示文稿，而不想使用全屏的幻灯片放映视图，则可以在自己的计算机上使用阅读视图。如果要更改演示文稿的视图方式，可以随时从阅读视图切换到其他的视图。

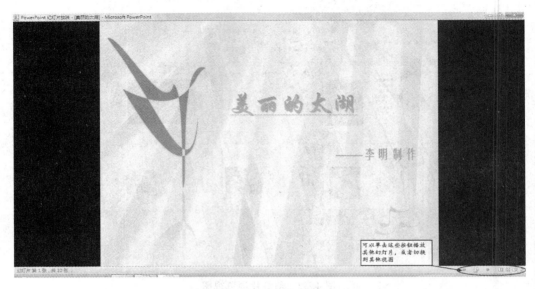

图 4.54　阅读视图

4.6　PowerPoint 典型试题分析

4.6.1　国宝大熊猫

1. 操作要求

（1）在最后添加一张幻灯片，设置其版式为"标题幻灯片"，在主标题区输入文字"The End"（不包括引号）。

（2）设置页脚，使除标题版式幻灯片外，所有幻灯片（即第 2～6 张）的页脚文字为"国宝大熊猫"（不包括引号）。

（3）将"大熊猫现代分布区"所在幻灯片的文本区，设置行距为 1.5 倍行距。

（4）将"活动范围"所在幻灯片中的"因此活动量也相对减少"字体设置为隶书，字号为 32。

（5）将"作息制度"所在幻灯片中的表格对象，动画效果设置为鼠标单击时，水平方向的"百叶窗"效果。

2. 解答

（1）选择最后一张幻灯片，切换到功能区的"开始"选项卡，在"幻灯片"选项组中单击"新建幻灯片"按钮的下拉箭头，从弹出的菜单中选择版式"标题幻灯片"版式，并在标题文本框中，输入文本"The End"。

（2）切换到功能区的"插入"选项卡，在"文本"选项组中单击"页眉和页脚"按钮，打开"页眉和页脚"对话框，在"幻灯片"选项卡中选择"页脚"选项，输入文本"国宝大熊猫"，勾选"标题幻灯片中不显示"复选框，单击"全部应用"按钮，如图 4.55 所示。

（3）选择"大熊猫现代分布区"所在幻灯片，选中文本区中的文本，切换到功能区的"开始"选项卡，单击"段落"选项组右下角的启动按钮，打开"段落"对话框，设置行距为"1.5 倍行距"，如图 4.56 所示。

图 4.55　设置页脚

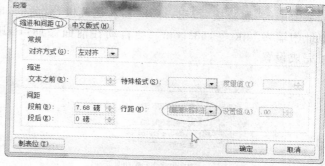

图 4.56　设置行距

（4）选择"活动范围"所在幻灯片中的文本"因此活动量也相对减少"，切换到功能区的"开始"选项卡，在"字体"选项组中将字体设置为"隶书"、"32"。

（5）选择"作息制度"所在幻灯片中的表格对象，切换到功能区的"切换"选项卡，选择"百叶窗"效果按钮；再单击"效果选项"，从弹出的下拉菜单中选择"水平"；在"计时"选项组中选择"换片方式"为"单击鼠标时"。

4.6.2　国际单位制

1. 操作要求

（1）在第 1 张幻灯片前插入一张标题幻灯片，其主标题区输入文字"国际单位制（SI）"（不包括引号）。

（2）应用主题为"行云流水"。

（3）定位到"物理公式在确定物理量……"文字所在幻灯片，设置图片的动画效果为鼠标单击时"自底部"方式飞入。

（4）为"采用先进的……"所在段落的文字设置为楷体，字号为 26。

（5）为"SI 基本单位"所在幻灯片中的图片，建立图片的 E-mail 超链接，E-mail 地址为：djks@163.com。

2. 操作步骤

（1）选择第一张幻灯片，切换到功能区的"开始"选项卡，单击"幻灯片"选项组中的"新建幻灯片"按钮，在弹出的菜单中选择"标题幻灯片"版式，并用将插入的幻灯片向前移动一位。在标题文本框中，输入文本"国际单位制（SI）"。

（2）切换到功能区的"设计"选项卡，单击"主题"选项组右侧的向下箭头，打开效果列表，找到其中的"行云流水"主题,单击选中。

(3)选择"物理公式在确定物理量……"文字所在幻灯片,选中图片,切换到功能区的"动画"选项卡,在"动画"选项组中"飞入"效果,并单击"效果选项"按钮,在弹出的下拉菜单中选择"自底部";在"计时"选项组中,设置"开始"为"单击鼠标时"。

(4)选择"采用先进的……"段落所在的段落的文字,切换到功能区的"开始"选项卡,字体设置为"楷体"、字号为"26"。

(5)选择"SI 基本单位"所在幻灯片中的图片,切换到功能区的"插入"选项卡,单击"链接"选项组中的"超链接"按钮,打开"插入超链接"对话框,单击"电子邮件地址",在右侧的 E-mail 地址中输入"djks@163.com"(会自动在前面添加"mailto:"),如图 4.57 所示,单击"确定"按钮完成设置。

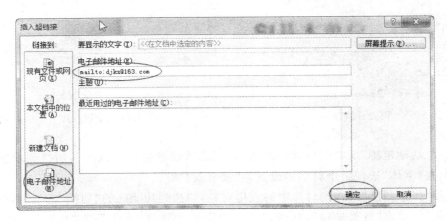

图 4.57　建立 E-mail 超链接

4.6.3　圆锥曲线方程

1. 操作要求

(1)在第 1 张幻灯片前插入一张标题幻灯片,其主标题区输入文字"圆锥曲线方程"(不包括引号)。

(2)对所有幻灯片设置切换效果为"形状放大"。

(3)设置幻灯片的页脚为"圆锥曲线方程",其中标题幻灯片不显示。

(4)设置"圆锥曲线方程小结"所在幻灯片的文本区各段落行距为 1.5 行。

(5)为第三张幻灯片中的"椭圆"、"双曲线"、"抛物线"设置超链接,链接目标分别为以"椭圆"、"双曲线"、"抛物线"为标题的各幻灯片。

2. 操作步骤

(1)选择第 1 张幻灯片,切换到功能区的"开始"选项卡,单击"幻灯片"选项组中的"新建幻灯片"按钮,在弹出的菜单中选择"标题幻灯片"版式,并用将插入的幻灯片向前移动一位。在标题文本框中,输入文本"圆锥曲线方程"。

(2)切换到功能区的"切换"选项卡,在"切换到此幻灯片"选项组中选择"放大"效果,并单击"效果选项"按钮,在弹出的下拉菜单中选择"放大"。单击"全部应用"按钮。

（3）切换到功能区的"插入"选项卡，在"文本"选项组中单击"页眉和页脚"按钮，打开"页眉和页脚"对话框，在"幻灯片"选项卡中选择"页脚"选项，输入文本"圆锥曲线方程"，选择"标题幻灯片中不显示"选项，单击"全部应用"按钮。

（4）选择"圆锥曲线方程小结"所在幻灯片，用鼠标选中文本区中的文本，切换到功能区的"开始"选项卡，单击"段落"选项组右下角的启动按钮，打开"段落"对话框，设置行距为"1.5倍行距"

（5）选择第3张幻灯片的"椭圆"文字，切换到功能区的"插入"选项卡，单击"链接"选项组中的"超链接"按钮，打开"插入超链接"对话框。选择"链接到"中的"本文档中的位置"按钮，在右边的"请选择文档中的位置"中选择标题为"椭圆"的幻灯片，单击"确定"按钮。

"双曲线"和"抛物线"的设置同理可得。

4.6.4　中国金鱼

1. 操作要求

（1）将演示文稿的主题设置为"都市"。

（2）将第1张幻灯片的标题文字"中国金鱼"设置为"楷体"，字号为"96"。

（3）将以"金鲫种（草金）"为标题的幻灯片的版式设置为"标题幻灯片"。

（4）对第7张幻灯片的3张图片按图片3、图片4、图片5的顺序，均设置动画效果为鼠标单击时"自底部"飞入方式进入。

（5）在第7张幻灯片的右下角建立一个"自定义"动作按钮，使其链接倒第1张幻灯片（即标题幻灯片）。

2. 操作步骤

（1）切换到功能区的"设计"选项卡，单击"主题"选项组右侧的向下箭头，打开效果列表，找到其中的"都市"主题，单击选中。

（2）选择第1张幻灯片的标题文字"中国金鱼"，切换到功能区的"开始"选项卡，设置字体为"楷体"、字号为"96"。

（3）选择"金鲫种（草金）"为标题的幻灯片，切换到功能区的"选择"选项卡，单击"幻灯片"选项组中的"版式"按钮，在弹出的下拉菜单中选择"标题幻灯片"版式。

（4）选择第7张幻灯片中的图片3（最下面的一张图片），先用单选中其中一张图片，切换到功能区的"动画"选项组，在"动画"选项组选中"飞入"效果，再单击"效果选项"，从弹出的下拉菜单中选择"水平"；在"计时"选项组中选择"换片方式"为"单击鼠标时"。图片4（中间）、图片5（最上面）依次设置。

（5）选择第7张幻灯片，切换到功能区的"插入"选项卡，单击"插图"选项组的"形状"按钮，从弹出的下拉菜单中选择"动作按钮"组内的一个按钮，如图4.58所示。

按住鼠标左键在幻灯片中拖动。弹出"动作设置"对话框（如图4.59所示），选择该按钮将要执行的动作。

图 4.58　选择动作按钮　　　　　图 4.59　"动作设置"对话框

项 目 五

Word 2010 高级应用 *

教学目标

 能力目标

- 能合理创建样式并应用到文档。
- 能在文档中插入题注和交叉引用。
- 能制作文档的目录。
- 能够为文档设置页眉、页脚。

 知识目标

- 掌握 Word 文档建立和保存。
- 掌握 Word 文档对象的插入与编辑。
- 掌握长文档目录的制作方法。
- 掌握页眉页脚的设置方法。

工作任务

　　本项目的任务是 Word 文档"Photoshop 简介"的创建和保存;使用样式生成章节并设置正文格式;为文中的图表添加题注和交叉引用;插入脚注或尾注;生成目录和图、表的索引;为该文档设置不同类别的页码;为正文的奇偶页设置不同的页眉。

5.1　Word 文档的编辑

任务分析

　　新建 Word 文档、编辑文档内容并保存文档。

5.1.1　创建新文档

　　Word 2010 与以往 Word 版本中的文档格式相比有了很大的变化。Word 2010 以 XML 格式保存,其新的文件扩展名是在以前的文件扩展名后添加 x 或 m,为. docx 或. docm。

　　(1)新建空白文档。启动 Word 2010 后,系统自动创建一个名为"文档 1"的空白文档,如图 5.1 所示。

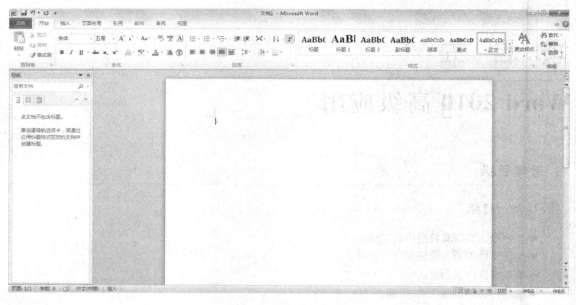

图 5.1　新建的文档

（2）输入文档内容。

①输入文本。创建 Word 文档后即可在文档中输入内容，如汉字、英文符号、数字、特殊符号以及公式等。

②插入图片。切换到功能区的"插入"选项卡，单击"插图"选项组中的"图片"按钮 ，打开"插入图片"对话框，选择图片，单击"插入"按钮（如图 5.2 所示）。也可以直接复制该图片并粘贴到文档中。

图 5.2　"插入图片"对话框

③插入表格,有如下 2 种方法。

● 自动创建表格。将插入点置于要插入表格的位置,切换到功能区中的"插入"选项卡,在"表格"选项组中单击"表格"按钮,出现一个示意表格;用鼠标在示意表格中拖动,以选择表格的行数和列数。同时,示意表格的上方显示相应的行列数。选定所需的行列数后,释放鼠标即可得到所需的结果,如图 5.3 所示。

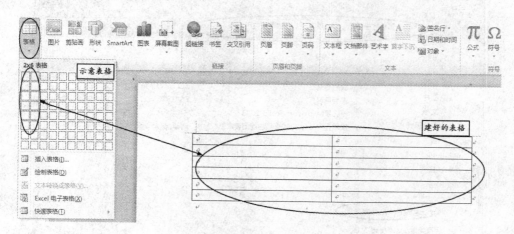

图 5.3　自动创建表格

● 手动创建表格。手动创建表格可以准确地输入表格的行数和列数,还可以根据实际需要调整表格的列宽。切换到功能区中的"插入"选项卡,在"表格"选项组中单击"表格"按钮,然后选择"插入表格"命令(如图 5.4 所示),打开"插入表格"对话框。在"列数"和"行数"文本框中输入要创建的表格包含的列数和行数单击"确定"按钮,如图 5.5 所示。

图 5.4　"表格"下拉菜单

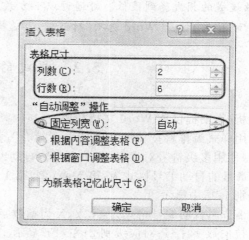

图 5.5　"插入表格"对话框

（3）保存文档。为了保护既有的劳动成果，应及时将当前只存在于内存中的文档保存为磁盘文件。单击快速访问工具栏中的"保存"按钮（或单击"文件"选项卡，在弹出的菜单中选择"另存为"）。选择合适的文件路径，输入文件名，确认保存类型，然后单击"保存"按钮即可完成保存操作，如图 5.6 所示。

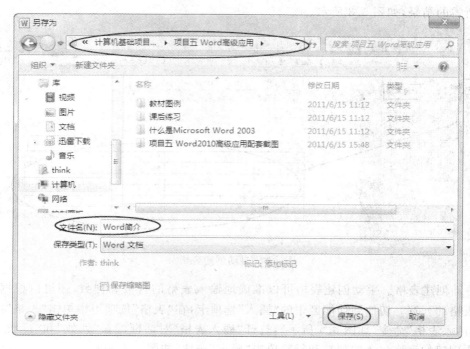

图 5.6 "另存为"对话框

提示：在处理文档的过程中，要特别注意及时保存文档，并养成习惯，避免因各种可能的系统故障导致操作成果的丢失。

Word 2010 专门提供了文档的自动保存功能。每隔固定时间自动将文档内容保存为一个临时文件，这样可以保证即使在没有主动及时保存对文档的更改时，使可能碰到的断电、死机等意外事故造成的损失降到最低。可通过以下方式具体设置自动保存方式：单击"文件"选项卡中的"选项"按钮，打开"Word 选项"对话框，再选择"保存"按钮，可自定义文档保存方式。

5.2 样式的使用

任务分析（本书提供该 Word 文档初稿）

使用样式编排科技文档"Photoshop 简介"，要求如下：

（1）使用多级符号对章名、小节名进行自动编号。要求：

● 章号的自动编号格式为：第 X 章（例：第 1 章），其中 X 为自动排序；阿拉伯序号。对应级别 1；居中显示。

● 小节名自动编号格式为：X. Y，X 为章数字序号，Y 为节数字序号（例：1.1）；X、Y 均为阿拉伯数字序号；对应级别 2；左对齐显示。

(2)新建样式,样式名为:"样式"＋考生准考证号后 5 位。其中:
- 字体:中文字体为"楷体";西文字体为"Times New Roman";字号为"小四"。
- 段落:首行缩进 2 字符;段前 0.5 行,段后 0.5 行;行距 1.5 倍。
- 其余格式,默认设置。

(3)将新样式应用到正文中无编号的文字中。

样式是一套预先调整好的文本格式。文本格式包括字体、字号、缩进等,并且格式都有名字。样式可以应用于一段文本,也可以应用于几个字,所有格式都是一次完成的。

系统自带的样式为内置样式,用户无法删除 Word 内置的样式,但可以修改。不过,用户可以根据需要创建新样式,还可以将创建的样式删除。

5.2.1　设置和应用内置样式

1.设置章号,即"标题"

(1)切换到功能区中的"开始"选项卡,在"样式"选项组中单击"对话框启动器"按钮,打开"样式"窗格,如图 5.7 所示。

(2)在"样式"窗格中,单击样式"标题 1"右侧的下拉按钮,在弹出的菜单中选择"修改"命令(如图 5.8 所示),打开"修改样式"对话框。

(3)在"修改样式"对话框中,单击左下角的"格式"按钮,选择"编号"选项(如图 5.9 所示)。打开"编号和项目符号"对话框。

图 5.7　"样式"窗格

图5.8　"修改"命令(标题 1)

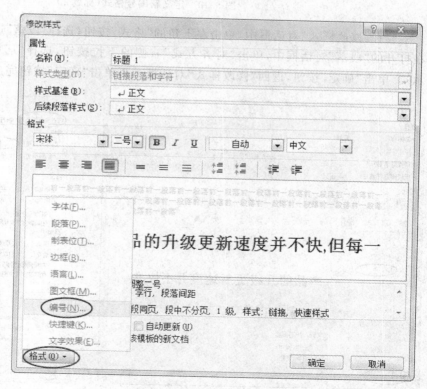

图 5.9　选择"编号"选项(标题 1)

（4）在打开的"项目符号和编号"对话框中，单击"编号"选项卡中的"定义新编号格式"按钮，打开"定义新编号格式"对话框，保持默认的"编号样式"，修改"编号格式"。输入"1"之外的"第"和"章"（注意：带灰色底纹的"1"，不能自行删除或添加），如图 5.10 所示。单击"确定"按钮，返回"编号和项目符号"对话框。再单击"确定"按钮，返回"修改样式"对话框。

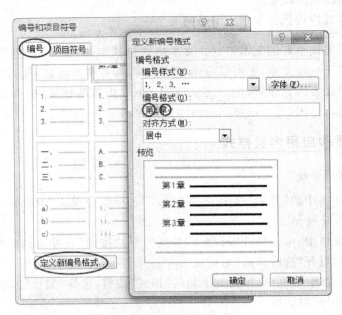

图 5.10　定义新编号格式（标题 1）

5. 在"修改样式"对话框中，单击左下角的"格式"按钮，选择"段落"选项（如图 5.11 所示），在打开的"段落"对话框中，单击"对齐方式"右侧的下拉按钮，选择"居中"选项（如图 5.12 所示）。单击"确定"按钮，返回"修改样式"对话框。再单击"确定"按钮完成标题 1 的设置。

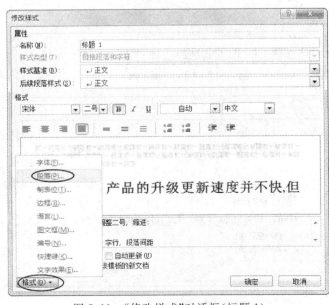

图 5.11　"修改样式"对话框（标题 1）

图 5.12　选择"居中"对齐方式

（6）切换到功能区中的"开始"选项卡，在"段落"选项组中单击"多级列表"按钮，打开"多级列表"的下拉菜单，如图 5.13 所示。先在样式列表库中选择一种合适的样表，使之成为当前列表。再单击该按钮，在打开的"多级列表"下拉菜单中选择"定义新的多级列表"命令，打开"定义新多级列表"对话框，如图 5.14 所示。单击"更多"按钮，打开完整的"定义新多级列表"对话框"。在"输入编号的格式"中输入"第"和"章"（注意：带灰色底纹的"1"，不能自行删除或添加）；"在级别链接到样式"选择为"标题 1"，在"要在库中显示的级别"选择为"级别 1"，"起始编号"为"1"，如图 5.15 所示。单击"确定"按钮完成设置。

图 5.13 "多级列表"的下拉菜单

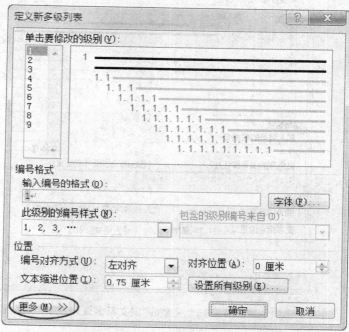

图 5.14 "定义新多级列表"对话框

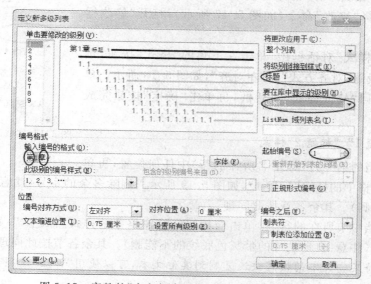

图 5.15 完整的"定义新多级列表"对话框（设置标题 1）

2.设置小节名,即"标题"

(1)按设置标题1的步骤(6)的方法打开完整的"定义新多级列表"对话框。选择"单击要修改的级别"为"2";保持默认的"输入编号的格式";在"将级别链接到样式"选择为"标题2",在"要在库中显示的级别"选择为"级别2","起始编号"为"1",如图5.16所示。单击"确定"按钮完成设置。此时,可看到"样式"窗格中增加了"标题2"样式。

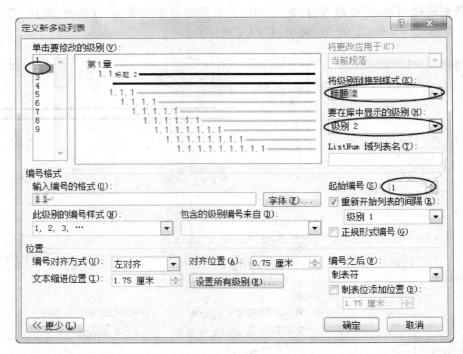

图5.16　完整的"定义新多级列表"对话框(设置标题2)

(2)在"样式"窗格中,单击样式"标题2"右侧的下拉按钮,在弹出的菜单中选择"修改"命令(如图5.17所示),打开"修改样式"对话框。

(3)在"修改样式"对话框中,单击左下角的"格式"按钮,选择"段落"选项,设置"对齐方式"为"左对齐",如图5.18所示。单击"确定"按钮返回"修改样式"对话框,再单击"确定"按钮完成设置。

3.应用"标题1"、"标题2"样式

(1)单击文档的第一行(即章名所在的行)中任何位置,再单击应用"样式"窗格中的样式"标题1",如图5.19所示。删除多余的章号(注意:自动生成的带灰色底纹的不能删)。其余各章按此同理。

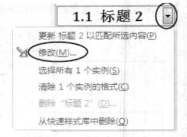

图5.17　"修改"命令(标题2)

(2)单击文档中节所在的行,再单击应用"样式"窗格中的样式"标题2",如图5.20所示。删除多余的节号(注意:自动生成的带灰色底纹的不能删)。其余各节按此同理。

提示:为了将某一文本的格式快速复制到其他文本,可以使用"开始"选项卡的"剪贴板"选项组中的"格式刷"按钮　格式刷　。

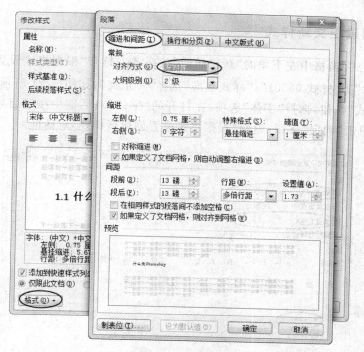

图 5.18　设置左对齐(标题 2)

图 5.19　应用"标题 1"样式

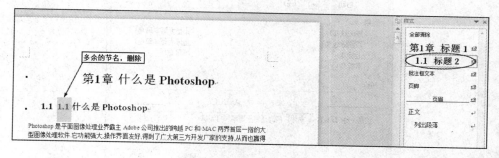

图 5.20　应用"标题 2"样式

5.2.2　创建正文新样式

（1）单击"样式"窗格中左下角的"新建样式"按钮 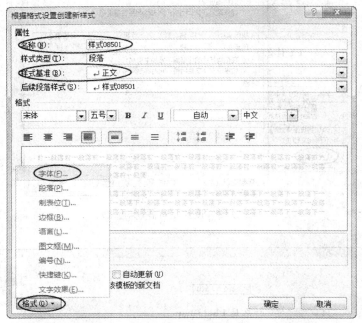，打开"根据格式设置创建新样式"对话框，输入"名称"为"样式08501"，"样式基准"选择为"正文"，如图 5.21 所示。再单击该对话框左下角的"格式"按钮，选择"字体"选项，在打开的"字体"对话框中按题目要求设置字体，如图 5.22所示。单击"确定"按钮，返回"根据格式设置创建新样式"对话框。

图 5.21　"根据格式设置创建新样式"对话框

图 5.22　"字体"对话框

（2）在"根据格式设置创建新样式"对话框中，单击左下角的"格式"按钮，选择"段落"选项，如图 5.23 所示。在打开的"段落"对话框中按题目要求设置段落（注意：若度量单位不符，可在文本框中直接修改原度量值），如图 5.24 所示。单击"确定"按钮返回"根据格式设置创建新样式"对话框，再单击"确定"按钮，可在"样式"窗格中看见设置完毕的新样式"样式 08501"。

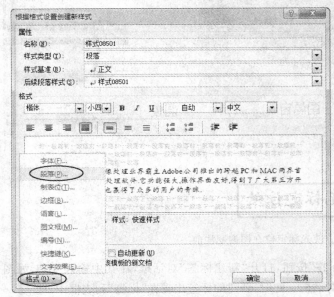
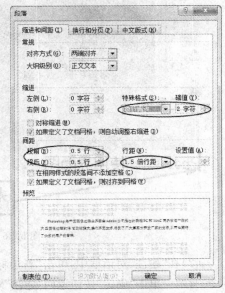

图 5.23　选择"段落"选项　　　　　　　　　图 5.24　"段落"对话框

（3）正文样式的应用。将光标置于正文的任何地方（无编号的文字），单击应用"样式"窗格中的样式"样式 08501"（也可使用格式刷进行操作）。

5.3　添加题注与交叉引用

任务分析

（1）对正文的图添加题注"图"，位于图下方，居中，要求如下。

①编号为"章序号"-"图在章中的序号"（如第 1 章中第 2 幅图，题注编号为 1-2）。

②图的说明使用图下一行的文字，格式同编号。

③图居中。

（2）对正文中的表添加题注"表"，位于表上方，居中。

①编号为"章序号"-"表在章中的序号"（如第 1 章中第 1 张表，题注编号为 1-1）。

②表的说明使用表上一行的文字，格式同编号。

③表居中，表内文字不要求居中。

5.3.1　为图片和表格创建题注

（1）将光标定位在文档中第一张图片的下一行的题注前（如图 5.25 所示），切换到功能区中的"引用"选项卡，单击"题注"选项组中的"插入题注"按钮。

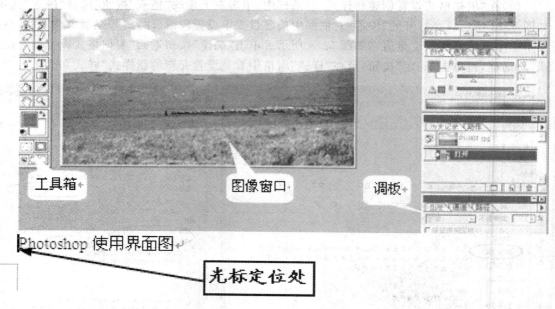

图 5.25　使光标定位在图的题注前

（2）在"题注"对话框中，单击"新建标签"按钮，打开"新建标签"对话框，在其中输入"图"，如图5.26所示。单击"确定"按钮返回"题注"对话框。此时，新建的标签出现在"标签"列表框中。

（3）在"题注"对话框中，选择刚才新建的标签"图"，再单击"编号"按钮，在打开的"题注编号"对话框中勾选"包含章节号"复选框，确认"章节起始样式"为"标题1"，如图5.27所示。单击"确定"按钮，返回"题注"对话框。此时，"题注"文本框中的内容由"图1"变为"图1-1"。单击"确定"按钮。

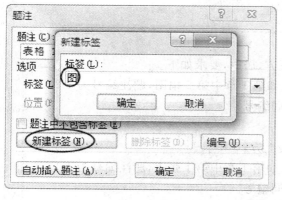

图 5.26　新建标签"图"

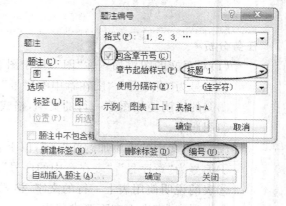

图 5.27　设置题注编号

提示：为了使图片的题注更加规范，可在题注和图片的说明文字之间插入一个空格。

（4）选中该图片和题注，单击"开始"选项卡的"段落"选项组中的"居中"按钮　。
同理，依次设置文档中的题注和图片。
表题注的设置同理，唯一不同之处是在新建的标签文本框中输入"表"。

5.3.2　创建交叉引用

选中文档中第一张图片的上一行文字中的"下图"，切换到"引用"选项卡，单击"题注"选项组中的"交叉引用"按钮 ，打开"交叉引用"对话框。在"交叉引用"对话框中，"引用类型"选择"图"，"引用内容"选择"只有标签和编号"，"引用哪一个题注"选择所需的题注即可。单击"插入"按钮关闭该对话框，如图 5.28 所示。

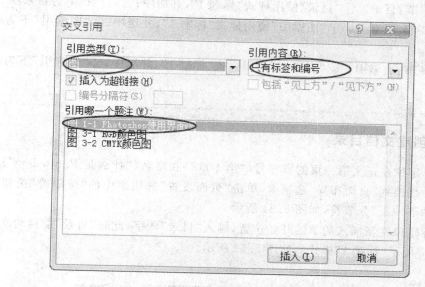

图 5.28　"交叉引用"对话框

同理，依次对文档中其余图片设置交叉引用。

表的交叉引用的设置同理，只需在"交叉引用"对话框中选择"引用类型"为"表"。

5.4　设置脚注和尾注

> **任务分析**
>
> 正文中首次出现"Photoshop"的地方插入尾注（置于文档结尾）。

将光标定位在首次出现的"Photoshop"后，切换到功能区中的"引用"选项卡，单击"脚注"选项组中的"插入尾注"按钮 ，在文档结尾直接输入尾注内容，如图 5.29 所示。

工具及命令，如能熟练掌握，修改照片可以说是驾轻就熟，游刃有余了。

Photoshop 由 Michigan 大学的研究注 Thomas 创建。

输入尾注内容

图 5.29　插入"尾注"

5.5 制作目录和索引

5.5.1 创建文档目录

　　(1)将光标定位在正文第一页的章序号("第 1 章")和章名("什么是 Photoshop")之间，如图 5.30 所示。切换到"页面布局"选项卡，单击"页面设置"选项组中的"分隔符"按钮，从弹出的菜单中选择"下一页"分节符，如图 5.31 所示。

　　(2)将光标定位在新插入的节的开始位置，输入"目录"两字，此时"目录"前自动出现了"第 1 章"字样(即应用了"标题 1"样式)，如图 5.32 所示。

图 5.30　光标定位处

图 5.32　输入"目录"

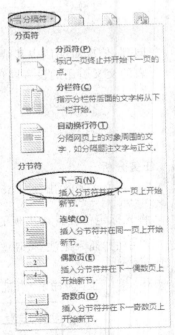

图 5.31　插入"下一页"分隔符

（3）单击选中"第1章"，按"Del"键删除。

（4）将光标定位在"目录"后，按两次回车键，产生换行。切换到功能区的"引用"选项卡，单击"目录"选项组中的"目录"按钮，从弹出的菜单中选择"插入目录"命令（如图5.33所示），打开"目录"对话框：选择"目录"选项卡，确认已选中"显示页码"和"页码右对齐"复选框；并将"显示级别"改为"2"，如图5.34所示。单击"确定"按钮，自动生成目录项。

图5.33　"目录"菜单

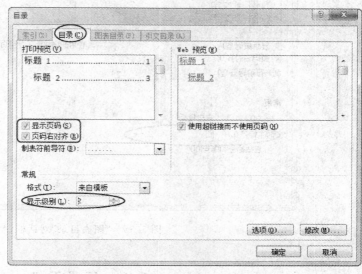

图5.34　"目录"对话框

5.5.2　生成图索引、表索引

生成图索引、表索引的方法与生成目录的方法相同，可参见第5.5.1节。

（1）将光标定位在正文第一页的章序号（"第1章"）和章名（"什么是Photoshop"）之间，再切换到"页面布局"选项卡，单击"页面设置"选项组中的"分隔符"按钮 ，从弹出的菜单中选择"下一页"分节符。

（2）将光标定位在新插入的节的开始位置，输入"图索引"三个字，此时"图索引"前自动出现了"第1章"字样（即应用了"标题1"样式）。

（3）单击选中"第1章"，按"Del"键删除。

（4）将光标定位在"图索引"后，按两次回车键，产生换行。切换到功能区的"引用"选项卡，单击"题注"选项组中的"插入表目录"按钮 ，打开"图表目录"对话框，选择"题注标签"为"图"，如图5.35所示。单击"确定"按钮，自动生成图索引项。

生成表索引只需重复步骤（1）～（3）。步骤（4）中，只需更改"题注标签"为"图"即可。

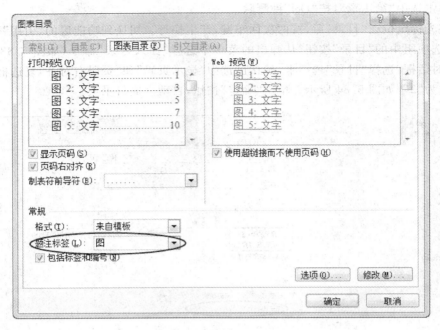

图 5.35　"图表目录"对话框

5.6　设置页码

任务分析

为不同的节设置不同类型的页码。

使用适合的分节符，对正文进行分节。添加页脚，使用域插入页码，居中显示。

(1)正文前的节，页码采用"i,ii,iii,…"格式，页码连续。

(2)正文中的节，页码采用"1,2,3,…"格式，页码连续。

(3)正文中每章为单独一节，页码总是从奇数页开始。

(4)更新目录、图索引和表索引。

5.6.1　设置正文前的页码

(1)将光标定位在每章的章序号和章名之间，切换到"页面布局"选项卡，单击"页面设置"选项组中的"分隔符"按钮，从弹出的"分隔符"下拉菜单中选择"奇数页"分节符，如图 5.36 所示。

(2)切换到功能区的"插入"选项卡，在"页眉和页脚"选项组中单击"页码"按钮，从弹出菜单中选择位置合适的页码显示（如图 5.37 所示）。同时功能区中显示了"页眉和页脚工具"的"设计"选项卡。

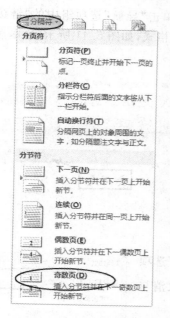

图 5.36　插入"奇数页"分隔符

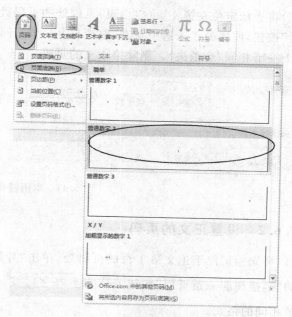

图 5.37　选择页码显示的位置

（3）在"页眉和页脚工具"选项卡中，单击"页眉和页脚"选项组中的"页码"按钮，从弹出的"页码"下拉菜单中选择"设置页码格式"命令（如图5.38所示），打开"页码格式"对话框。在该对话框中，选择"编号格式"为"i,ii,iii,…"，并选中"起始页码"单选按钮，如图 5.39 所示。单击"确定"按钮。

（4）将光标定位于"图索引"页的页脚处（可以看到已有页码插入，但格式不对）。单击"页眉和页脚"选项组中的"页码"按钮，从弹出的"页码"下拉菜单中选择"设置页码格式"命令，打开"页码格式"对话框，选择"编号格式"为"i,ii,iii,…"，并选中"续前节"单选按钮，如图 5.40 所示。单击"确定"按钮。同理，设置"表索引"页的页码格式。

图 5.38　"页码"菜单

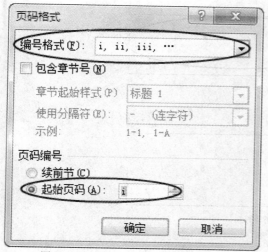

图 5.39　设置"目录"页的页码格式

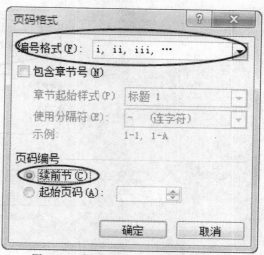

图 5.40　设置"图索引"页的页码格式

（5）将光标定位在第4页（空白页）页脚处的页码处，单击"导航"选项组中的"链接到前一条页眉"按钮，使之处于未选中状态，取消与上一节相同的格式，如图5.41所示（原本显示的文字"与上一节相同"会消失）。删除第4页的页码。

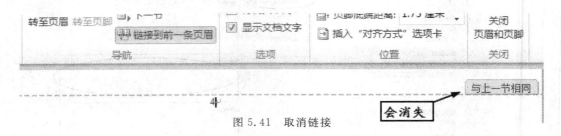

图5.41　取消链接

5.6.2　设置正文的页码

（1）将光标定位于正文第1页的页脚处，单击"导航"选项组中的"链接到前一条页眉"按钮，取消与上一节相同的格式。

（2）单击"页眉和页脚"选项组中的"页码"按钮，从弹出的"页码"下拉菜单中选择"设置页码格式"命令，打开"页码格式"对话框，选择"编号格式"为"1,2,3,…"，并选中"起始页码"单选按钮，如图5.42所示。单击"确定"按钮。再次单击"页眉和页脚"选项组中的"页码"按钮，从弹出的"页码"下拉菜单中选择"页面底端"下的居中显示的页码，如图5.43所示。单击"关闭"选项组中的"关闭页眉和页脚"按钮，返回到正文编辑状态。

图5.42　设置正文页码格式

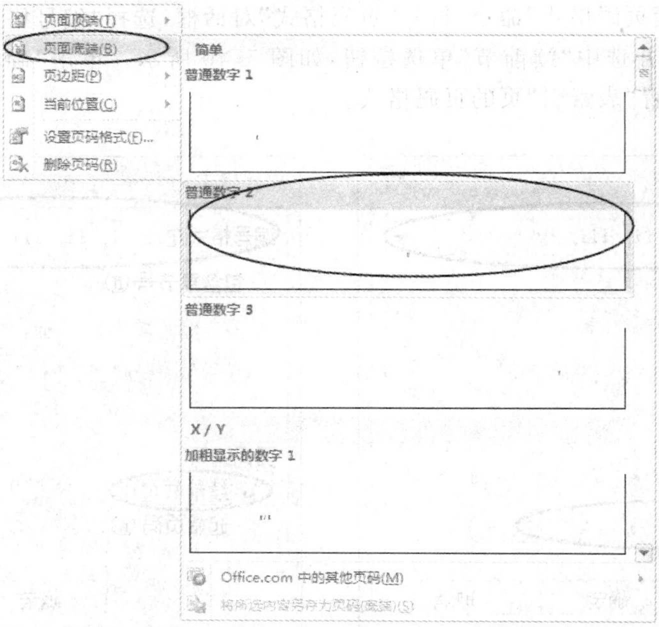

图5.43　插入正文页码

5.6.3 更新目录、图索引和表索引

单击"目录"页的任一目录项，切换到功能区的"引用"选项卡，单击"目录"选项组中的"更新目录"按钮，打开"更新目录"对话框，选中"更新整个目录"单选按钮，如图 5.44 所示。单击"确定"按钮。

同理，依次更新"图索引"目录和"表索引"目录（只需更新页码）。

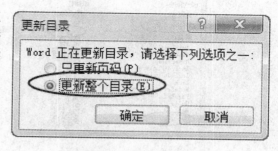

图 5.44　"更新目录"对话框

5.7　设置页眉

任务分析

为正文奇偶页创建不同的页眉。使用域，按以下要求添加内容，居中显示。

（1）对于奇数页，页眉中的文字为"章序号"+"章名"。

（2）对于偶数页，页眉中的文字为"节序号"+"节名"。

5.7.1 创建奇数页页眉

（1）双击正文第 1 页的页眉区，进入页眉编辑状态，并显示"设计"选项卡。勾选"选项"选项组中的"奇偶页不同"复选框。单击"导航"选项组中的"链接到前一条页眉"按钮 链接到前一条页眉 ，取消与上一节相同的格式。

（2）切换到功能区的"插入"选项卡，单击"文本"选项组中的"文档部件"按钮，从弹出的菜单中选择"域"命令（如图 5.45 所示），打开"域"对话框。在该对话框中，选择"类别"为"链接和引用"，"域名"为"StyleRef"，"样式名"为"标题 1"，"域选项"下勾选"插入段落编号"，复连框如图 5.46 所示。单击"确定"按钮，即插入章序号。

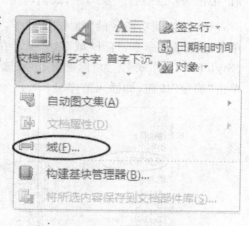

图 5.45　选择"域"命令

（3）重复步骤（2），在打开的"域"对话框中设置如图 5.46 所示的"类别"、"域名"和"样式名"，"域选项"下取消"插入段落编号"复选框。单击"确定"按钮，即插入章名。

提示：为规范起见，在"章序号"和"章名"之间插入一个空格。

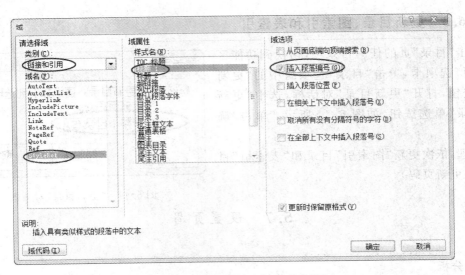

图 5.46 "域"对话框（插入章序号）

5.7.2 创建偶数页页眉

（1）将光标定位于正文第 2 页（偶数页）页眉中，单击"导航"选项组中的"链接到前一条页眉"按钮 链接到前一条页眉 ，取消与上一节相同的格式。

（2）切换到功能区的"插入"选项卡，单击"文本"选项组中的"文档部件"按钮，从弹出的菜单中选择"域"命令，打开"域"对话框。在该对话框中，选择"类别"为"链接和引用"；"域名"为"StyleRef"，"样式名"为"标题 2"，"域选项"下勾选"插入段落编号"复选框，如图 5.47 所示。单击"确定"按钮，即插入节序号。

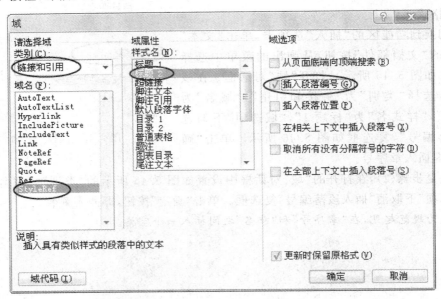

图 5.47 "域"对话框（插入节序号）

（3）重复步骤（2），在打开的"域"对话框中设置如图 5.45 所示的"类别"、"域名"和"样式名"，"域选项"下取消"插入段落编号"复选框。单击"确定"按钮，即插入节名。

提示：为规范起见，在"章序号"和"章名"之间插入一个空格。

由于前面设置了"奇偶页不同"，可能会使偶数页页脚处没有页码显示。此时只需在偶数页脚中再次插入居中页码即可。

5.8 知识链接

1.文本选择方法

（1）选择任意数量的内容。按住鼠标左键不放并拖过要选择的文字。

（2）选择一行。将鼠标指针指向段落左侧的选定栏，待鼠标指针变成向右箭头，单击鼠标左键。

（3）选择一段。将鼠标指针指向段落左侧的选定栏，待鼠标指针变成向右箭头，双击鼠标左键。

（4）选择一大块文本。单击要选择文本的起始处，然后滚动到要选择内容的结尾处，按住"Shift"键的同时单击。

（5）纵向选择文本。按住"Alt"键，然后从起始位置拖动鼠标到终点位置，即可纵向选择鼠标拖动所经过的内容。

（6）选择全文。切换到功能区的"开始"选项卡，单击"编辑"选项组中的"选项"按钮，选择"全选"命令。

（7）选择不连续的文本。先选择第一个文本区域，再按住"Ctrl"键，选择其他的文本区域。

2.分节符类型

（1）下一页。Word 文档会强制分页，在下一页上开始新节。可以在不同页面上分别应用不同的页码样式、页眉和页脚文字，以及想改变页面的纸张方向、纵向对齐方式或线型。

（2）连续。在同一页上开始新节，Word 文档不会被强制分页。如果"连续"分节符前后的页面设置不同，Word 会在插入分节符的位置强制文档分页。

（3）偶数页。将在下一偶数页上开始新节。

（4）奇数页。将在下一奇数页上开始新节。在编辑长篇文稿时，习惯将新的章节标题排在奇数页上，此时可插入奇数页分页符。

3.Word 的视图

（1）草稿视图。

在此模式下，可以完成大多数录入和编辑工作，也可以设置字符和段落的格式，但是只能将多栏显示为单栏格式，页眉、页脚、脚注、页号以及页边距等显示不出来。在草稿视图下，页与页之间用一条虚线表示分页符；节与节之间用两条虚线表示分节符，这样易于编辑和阅读文档。

（2）页面视图。

在此模式下，显示的文档与打印出来的几乎是完全一样的，也就是所见即所得。文档中的页眉、页脚、脚注、分栏等项目显示在实际打印的位置处。在页面视图下，不再以一条虚线表示分页，而是直接显示页边距。

如果想节省页面视图中的屏幕空间，则可以隐藏页面之间的页边距区域。将鼠标指针移到页面的分页标记上，然后双击，前后页之间的显示也就连贯了。如果要显示页面之间的页边距区域，则将鼠标指针移动到页面的分页标记上，再次双击即可。

（3）大纲视图。

此模式用于创建文档的大纲、查看以及调整文档的结构。切换到大纲视图后，屏幕上会显示"大纲"选项卡，通过此选项卡可以选择仅查看文档的标题、升降各标题的级别或移动标题来重新组织文档。

（4）Web 版式视图。

此模式用于创建 Web 页，它能够模拟 Web 浏览器来显示文档。在 Web 版式视图下，能够看到给 Web 文档添加的背景，文本将自动换行以适应窗口的大小。

（5）阅读版式视图。

此模式最大特点是便于用户阅读文档。它模拟书本阅读的方式，让人感觉在翻阅书籍，并且可以利用工具栏上的工具，在文档中以不同颜色突出显示文本或插入批注内容。

5.9　Word 典型试题分析

5.9.1　索引文件

1. 操作要求

在考生文件夹 Paper 子文件夹下，先建立文档"Example. docx"，由六页组成。其中：

（1）第 1 页第 1 行内容为"浙江"，样式为"正文"；

（2）第 2 页第 1 行内容为"江苏"，样式为"正文"；

（3）第 3 页第 1 行内容为"浙江"，样式为"正文"；

（4）第 4 页第 1 行内容为"江苏"，样式为"正文"；

（5）第 5 页第 1 行内容为"安徽"，样式为"正文"；

（6）第 6 页为空白；

（7）在文档页脚处插入"第 X 页共 Y 页"形式的页码，居中显示。

（8）使用自动索引方式，建立索引自动标记文件"MyIndex. docx"，其中：标记为索引项的文字 1 为"浙江"，主索引项 1 为"Zhejiang"；标记为索引项的文字 2 为"江苏"，主索引项 2 为"Jiangsu"。使用自动标记文件，在文档"Example. docx"第六页中创建索引。

2. 操作步骤

假设考生文件夹为 881126208504。

（1）在 Word 中新建一个空白文档。切换到功能区的"页面布局"选项卡，单击"页面设置"选项组的"分隔符"按钮，在弹出的菜单中选择"下一页"分页符，如图 5.48 所示。重复该步骤 4 次，产生 6 个空白页。

（2）分别在 1～5 页的首行输入"浙江"、"江苏"、"浙江"、"江苏"、"安徽"，并确认其样式为"正文"。

（3）切换到功能区的"插入"选项卡，单击"页眉和页脚"选项组的"页码"按钮，从弹出的菜单中选择含"X/Y"选项的页码，如图 5.49 所示。在页脚区中输入"第 X 页共 Y 页"（其中 X 为带灰色底纹的当前页码，Y 为带灰色底纹的总页码，不能任意增删），然后使之居中即可。

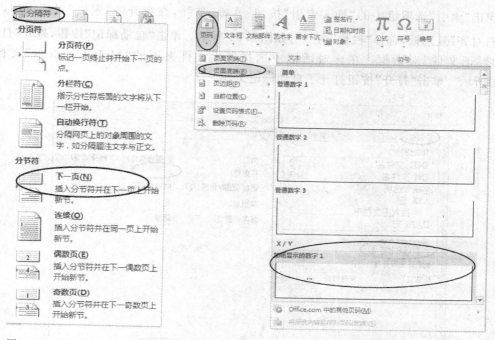

图5.48　插入"下一页"分隔符　　　　　　　图5.49　插入页码

（4）将新文档保存到指定的位置，按题目要求取名为"Example.docx"。

（5）新建一个空白文档。切换到功能区的"插入"选项卡，单击"表格"选项组的"表格"按钮，在弹出的示意表格中用鼠标拖动一个 2×2 的表格，如图 5.50 所示。释放鼠标插入该表，并输入如图 5.51 所示的内容。

图 5.50　插入 2×2 的表格

浙江	Zhejiang
江苏	Jiangsu

图 5.51　表格内容

（6）将新文档保存到考生文件夹的 Paper 子文件夹中，按题目要求取名为"MyIndex. docx"，然后关闭该文档。

（7）将光标定位在"Example. docx"文档的第六页（空白页）中，切换到"引用"功能区的选项卡，单击"索引"选项组中的"插入索引"按钮 ▤插入索引 ，在打开的"索引"对话框中，勾选"页码右对齐"复选框，选择"栏数"为"1"，如图 5.52 所示。单击"自动标记"按钮，打开"打开索引自动标记文件"对话框。在该对话框中选择考生文件夹下的"MyIndex. docx"文档，如图 5.53 所示。单击"打开"按钮打开了自动标记文件。

图 5.52　"索引"选项卡

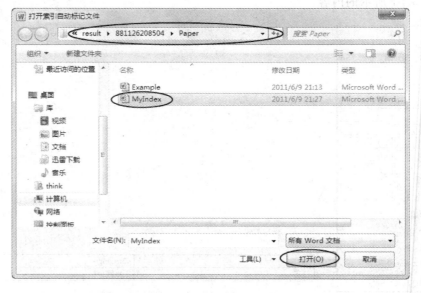

图 5.53　"打开索引自动标记文件"对话框

（8）切换到"引用"功能区的选项卡，单击"索引"选项组中的"插入索引"按钮，在打开的"索引"对话框中，勾选"页码右对齐"复选框，设置"栏数"为"1"。单击"确定"按钮。插入的索引如图 5.54 所示。

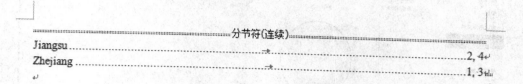

图 5.54　索引效果图

保存文件后退出。

5.9.2　模板

1. 操作要求

修改并应用"基本简历"模板，要求如下。

（1）修改模板正文的字体为"方正姚体"，默认保存为"个人基本简历"模板。

（2）根据"个人基本简历"模板，在考生文件夹 Paper 子文件夹下，建立文档"工作招聘简历.docx"，在姓名信息处填入考生的姓名和准考证号（格式为：姓名＄准考证号），其他信息不用填写。

2. 操作步骤

假设考生文件夹为 881126208505，即准考证号为 111881126208505，姓名为张三。

（1）在 Word 中，单击"文件"选项卡，在弹出的菜单中选择"新建"命令，在中间窗格的"可用模板"中选择"样本模板"，如图 5.55 所示，打开"样本模板"中间窗格，选择"基本简历"。在"基本简历"预览图的下方选择单选按钮"模板"，单击"创建"按钮，如图 5.56 所示，插入了"基本简历"模板。

图 5.55　选择"样本模板"

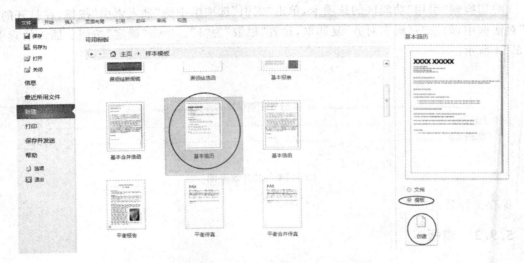

图 5.56 创建"基本简历"模板

（2）切换到功能区的"开始"选项卡，单击"样式"选项组中的"更改样式"按钮，选择"字体"命令下的"方正姚体"，如图 5.57 所示。

图 5.57 更改字体

（3）单击"文件"选项卡下的"另存为"按钮，在打开的"另存为"对话框中，默认路径，修改文件名为"个人基本简历"，"保存类型"为"文档模板"，如图 5.58 所示。单击"保存"按钮，并关闭该文件(不关闭 Word 应用程序)。

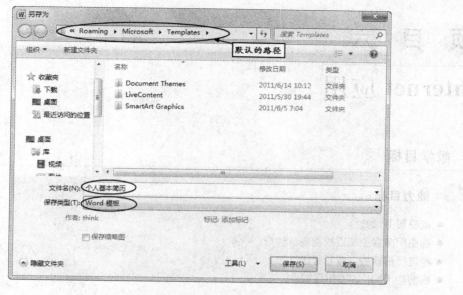

图 5.58　默认保存文档模板

（4）单击"文件"选项卡，在弹出的菜单中选择"新建"命令，在"可用模板"中选择"我的模板"，打开"新建"对话框，选择刚才保存的"个人基本简历"模板，并选择单选按钮"文档"，如图5.59 所示，最后单击"确定"按钮。

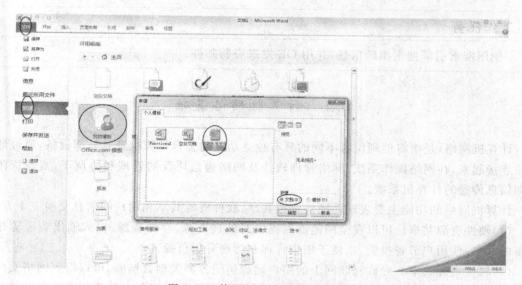

图 5.59　使用"个人基本简历"模板

（5）在新文档中，在"THINK"信息处填入"张三＄111881126208505"，其他信息默认。然后将新文档保存指定的位置，按题目要求取名为"工作招聘简历.docx"。

项目六

Internet 应用

教学目标

 能力目标：

- 能设置 IP 地址。
- 能使用搜索引擎查找需要的信息。
- 能进行资料的下载和修改。
- 能够使用 OE 收发电子邮件。

 知识目标：

- 掌握 IP 地址的设置。
- 掌握 IE 浏览器的使用。
- 掌握 OE 的使用

工作任务

使用搜索引擎搜索招聘信息，并用 OE 发送应聘邮件。

6.1 计算机网络基础

计算机网络，是指将地理位置不同的具有独立功能的多台计算机及其外部设备，通过通信线路连接起来，在网络操作系统、网络管理软件及网络通信协议的管理和协调下，实现资源共享和信息传递的计算机系统。

计算机网络的功能主要表现在硬件资源共享、软件资源共享和用户间信息交换三个方面。

（1）硬件资源共享。可以在全网范围内提供对处理资源、存储资源、输入输出资源等昂贵设备的共享，使用户节省投资，也便于集中管理和均衡分担负荷。

（2）软件资源共享。允许互联网上的用户远程访问各类大型数据库，可以得到网络文件传送服务、远地进程管理服务和远程文件访问服务，从而避免软件研制上的重复劳动以及数据资源的重复存储，也便于集中管理。

（3）用户间信息交换。计算机网络为分布在各地的用户提供了强有力的通信手段。用户可以通过计算机网络传送电子邮件、发布新闻消息和进行电子商务活动。

6.1.1　计算机网络分类

计算机网络的分类标准很多,如按拓扑结构、介质访问方式、交换方式以及数据传输率等分类,但这些分类标准只给出了网络某一方面的特征,并不能反映网络技术的本质。事实上,确实存在一种能反映网络技术本质的网络划分标准,那就是计算机网络的覆盖范围。按网络覆盖范围的大小,我们将计算机网络分为局域网(LAN)、城域网(MAN)、广域网(WAN)和互联网。

(1)局域网(Local Area Network,LAN),是指范围在几百米到十几公里内办公楼群或校园内的计算机相互连接所构成的计算机网络。计算机局域网被广泛应用于连接校园、工厂以及机关的个人计算机或工作站,以利于个人计算机或工作站之间共享资源(如打印机)和数据通信。这种网络的特点就是:连接范围窄、用户数少、配置容易、连接速率高。

(2)城域网(Metropolitan Area Network,MAN),所采用的技术基本上与局域网类似,只是规模上要大一些。城域网既可以覆盖相距不远的几栋办公楼,也可以覆盖一个城市;既可以是私人网,也可以是公用网。城域网既可以支持数据和话音传输,也可以与有线电视相连。

(3)广域网(Wide Area Network,WAN),通常跨接很大的物理范围,如一个国家。广域网包含很多用来运行用户应用程序的机器集合,我们通常把这些机器叫做主机;把这些主机连接在一起的是通信子网。通信子网的任务是在主机之间传送报文。

(4)互联网因其英文单词"Internet"的谐音,又称为"因特网"。从地理范围来说,它可以是全球计算机的互联。这种网络的最大的特点就是不定性,整个网络的计算机每时每刻随着人们网络的接入在不断地变化。当计算机连在互联网上的时候,可以算是互联网的一部分,一旦断开则不属于互联网了。互联网优点非常明显,信息量大、传播广,无论身处何地,只要联上互联网就可以对任何联网用户发出信函和广告。

6.1.2　IP 地址分类

IP 地址就是给每个连接在 Internet 上的主机分配的一个地址。Internet 上的每台主机都有一个唯一的 IP 地址。IP 协议就是使用这个地址在主机之间传递信息,这是 Internet 能够运行的基础。

IPV4 地址的长度为 32 位,分为 4 段,每段 8 位,用十进制数字表示,每段数字范围为 0—255,段与段之间用句点隔开,如 159.226.1.1。IP 地址像家庭住址,如果要写信给一个人,必须知道具体地址,这样邮递员才能把信送到。计算机发送信息就像邮递员,它必须知道唯一的"家庭地址"才不会送错人家。计算机的地址用十进制数字表示。IP 地址由两部分组成,一部分为网络地址,另一部分为主机地址。

IP 地址分为 A、B、C、D、E 5 类,其中 A、B、C 3 类由 Internet NIC 在全球范围内统一分配,D、E 类为特殊地址。

1. A 类 IP 地址

一个 A 类 IP 地址是指在 IP 地址的四段号码中,第一段号码为网络号码,剩下的三段号码为本地计算机的号码。如果用二进制表示 IP 地址的话,A 类 IP 地址就由 1 字节的网络地址和 3 字节主机地址组成,网络地址的最高位必须是"0"。A 类 IP 地址中网络的标识长度为 7 位,主机标识的长度为 24 位,A 类网络地址数量较少,可以用于主机数达 1600 多万台的大型网络。

A 类 IP 地址地址范围 1.0.0.1—126.255.255.254（二进制表示为：00000001 00000000 00000000 00000001—01111110 11111111 11111111 11111110）。

A 类 IP 地址的子网掩码为 255.0.0.0。

2. B 类 IP 地址

一个 B 类 IP 地址是指在 IP 地址的四段号码中，前两段号码为网络号码，剩下的两段号码为本地计算机的号码。如果用二进制表示 IP 地址的话，B 类 IP 地址就由 2 字节的网络地址和 2 字节主机地址组成，网络地址的最高位必须是"10"。B 类 IP 地址中网络的标识长度为 14 位，主机标识的长度为 16 位，B 类网络地址适用于中等规模的网络，每个网络所能容纳的计算机数为 6 万多台。

B 类 IP 地址地址范围 128.1.0.1—191.254.255.254（二进制表示为：10000000 00000001 00000000 00000001—10111111 11111110 11111111 11111110）。

B 类 IP 地址的子网掩码为 255.255.0.0。

3. C 类 IP 地址

一个 C 类 IP 地址是指在 IP 地址的四段号码中，前三段号码为网络号码，剩下的一段号码为本地计算机的号码。如果用二进制表示 IP 地址的话，C 类 IP 地址就由 3 字节的网络地址和 1 字节主机地址组成，网络地址的最高位必须是"110"。C 类 IP 地址中网络的标识长度为 21 位，主机标识的长度为 6 位，C 类网络地址数量较多，适用于小规模的局域网络，每个网络最多只能包含 254 台计算机。

C 类 IP 地址范围 192.0.1.1—223.255.254.254（二进制表示为：11000000 00000000 00000001 00000001—11011111 11111111 11111110 11111110）。

C 类 IP 地址的子网掩码为 255.255.255.0。

6.1.3 IP 地址设置

一般需要设置计算机的 IP 地址才能连接到网络。使用指定的 IP 地址，需输入 IP 地址、子网掩码、默认网关、DNS 等。

在控制面板"网络和 Internet"下选择"网络和共享中心"，在"查看活动网络"下选择"本地连接"，打开"本地连接 属性"对话框，选择"Internet 协议版本 4"，单击"属性"，如图 6.1 所示、图 6.2 所示。

输入 IP 地址、子网掩码和网关，选择使用下面的 DNS 服务器地址输入 DNS 服务器，如图 6.3 所示。

图 6.1　本地连接状态

图 6.2　本地连接属性

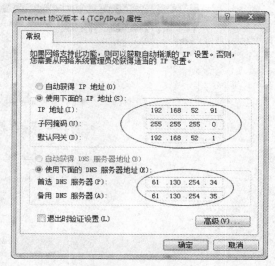

图 6.3　设置 IP 地址

若不清楚计算机 IP 地址的值,可以询问网络管理员或者互联网服务提供商(ISP)。

6.2　使用搜索引擎

使用搜索引擎查找招聘信息。

(1)双击桌面![Internet Explorer]图标,打开 IE 浏览器,如图 6.4 所示。

图 6.4　IE 启动界面

(2)在浏览器地址栏输入 www.baidu.com,进入百度搜索引擎界面,如图 6.5 所示。

图 6.5　百度界面

　　(3)在文本框中输入要搜索的关键字"招聘网",按回车进行搜索。搜索结果如图 6.6 所示。

图 6.6　搜索引擎搜索结果

　　(4)将其设为主页(这样每次启动 IE 浏览器或单击工具栏上的"主页"按钮时就会显示该搜索结果)。

　　①单击"工具→Internet 选项",弹出"Internet 选项"对话框,如图 6.7 所示。

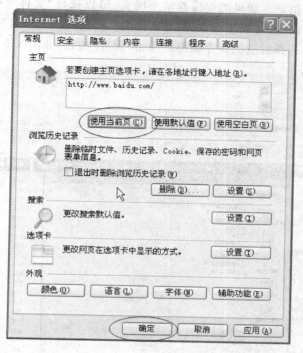

图 6.7　设置主页

　　②单击"常规"选项卡,在"主页"区域单击"使用当前页"即可(如果要恢复原来的主页,只要单击"使用默认页"即可)。

　　(5)打开智联招聘网,查看招聘信息,如图 6.8 所示。

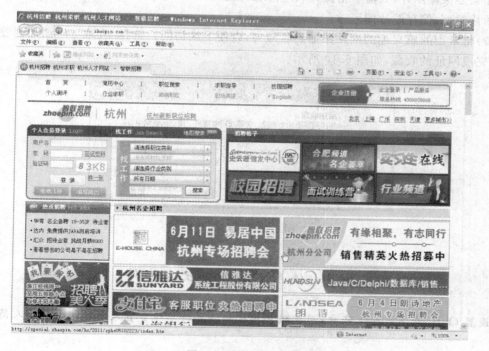

图 6.8　智联招聘网

(6)保存感兴趣的信息。如果需要保存整个网页,可以选择"文件"→"另存为"命令,打开"保存网页"对话框。打开准备用于保存 Web 页面的文件夹,在"文件名"框中输入对应的文件名称,"文件类型"框中选择对应的保存类型。单击"保存"按钮,如图 6.9 所示。

图 6.9　"保存网页"对话框

如果要保存图片,只需右击图片,在弹出的快捷菜单中选择"图片另存为",选择存放的位置和图片类型,保存图片即可。

(7)将常用的感兴趣的网站添加到收藏夹,以便下次访问。选择"收藏"→"添加到收藏夹"命令,完成网址的收藏,如图 6.10 所示。

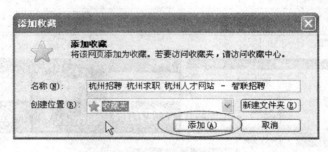

图 6.10　添加收藏夹

6.3　使用 Outlook 收发邮件

设置 Outlook Express 账户;用该账户接收邮件并给单位负责人发送邮件及个人简历。

6.3.1 设置 OE 账户

（1）启动 Outlook Express 2010。

①单击任务栏上的"开始"→"所有程序"→"Microsoft Outlook 2010"菜单命令，启动 Outlook Express(OE)，界面如图 6.11 所示。

②选择"文件"→"账户信息"→"添加账户"菜单命令，添加新电子邮件账户，如图 6.12 所示。

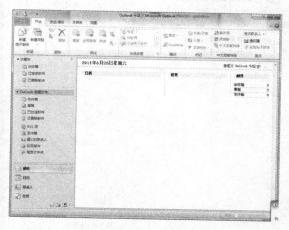

图 6.11　OE 启动界面

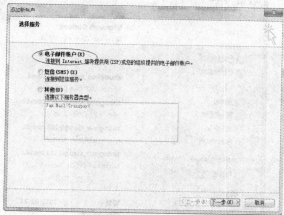

图 6.12　电子邮件账户对话框

③单击"下一步"，设置账户信息，如图 6.13 所示。

④联机搜索邮箱的服务器设置，如图 6.14 所示、完成后的界面如图 6.15 所示。

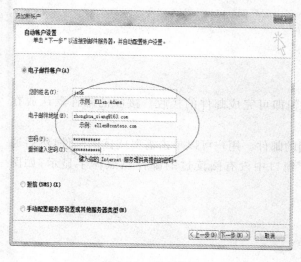

图 6.13　账户设置

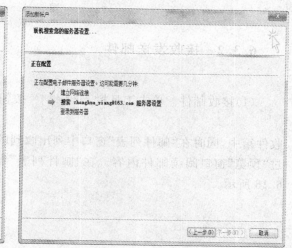

图 6.14　选择服务器的类型

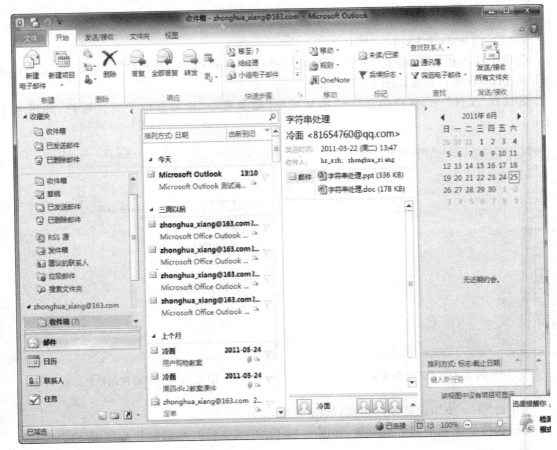

图 6.15　完成后界面

6.3.2　接收发送邮件

（1）接收邮件。单击工具栏上的 ![发送/接收所有文件夹] 按钮即可完成邮件的接收。接收的邮件默认放在

收件箱中,同时在"邮件列表"窗口中列出收到的邮件。用户可以单击需要阅读的邮件,然后通过"预览"窗口阅读邮件内容。在"邮件列表"窗口中没有阅读过的邮件以黑体字显示,如图6.16所示。

图 6.16 接收邮件

（2）撰写并发送邮件。单击工具栏上的 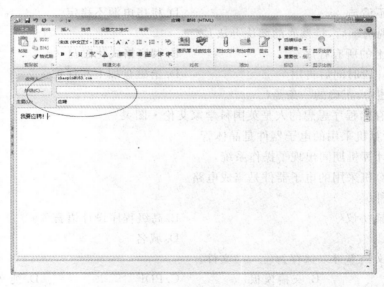 按钮，打开"新邮件"窗口，如图 6.17 所示。输入

收件人的地址、主题、邮件内容、添加相应的附件。关闭保存邮件，选择"发送/接收"选项下的
"全部发送"命令，完成邮件发送。

图 6.17 撰写邮件

基础知识练习

一、单选题

1.下列文件格式中,(　　)表示图像文件。

A. ＊.docx　　　　　　B. ＊.xlsx　　　　　　C. ＊.bmp　　　　　　D. ＊.txt

2.十进制数 267 转换成八进制数是(　　)。

A. 326　　　　　　　　B. 410　　　　　　　　C. 314　　　　　　　　D. 413

3.键盘上的"基准键"指的是(　　)。

A. "D"和"K"这两个键

B. "A、S、D、F"和"J、K、L、;"这 8 个键

C. "1、2、3、4、5、6、7、8、9、0"这 10 个键

D. 左右两个"Shift"键

4.现在计算机的性能越来越强,而操作却越来越简单,这是因为(　　)。

A. 计算集中广泛地使用了鼠标和菜单技术

B. 计算机的操作界面越来越图形化

C. 硬件和软件的设计者为普及应用计算机做了大量的研究

D. 以上都对

5.(　　)是计算机感染病毒的可能途径。

A. 从键盘输入统计数据　　　　　　　B. 运行外来程序

C. 软盘表面不清洁　　　　　　　　　D. 机房电源不稳定

6.在磁盘上发现病毒后,最彻底的解决办法是(　　)。

A. 删除磁盘上的所有程序　　　　　　B. 彻底格式化磁盘

C. 将磁盘放一段时间后再用　　　　　D. 给磁盘加上写保护

7.下列四条叙述中,正确的一条是(　　)。

A. 最先提出存储程序思想的人是英国科学家艾伦·图灵

B. ENIAC 计算机采用的电子器件是晶体管

C. 在第三代计算机期间出现了操作系统

D. 第二代计算机采用的电子器件是集成电路

8.HTTP 是一种(　　)。

A. 超文本传输协议　　　　　　　　　B. 高级程序设计语言

C. 网址　　　　　　　　　　　　　　D. 域名

9.PowerPoint 文档不可以保存为(　　)文件。

A. 演示文稿　　　　　B. 文稿模板　　　　　C. PDF　　　　　　　D. 纯文本

10. 在 Excel 的单元格中输入日期时,年、月、日分隔符可以是(　　　)。

  A."/"或"_"   B."."或"|"

  C."/"或"\"   D."\"或"_"

11. 使用 Windows"录音机"录制的声音文件的扩展名是(　　　)。

  A. wav   B. .wma   C. .bmp   D. docx

12. 根据文件命名规则,下列字符串中合法文件名是(　　　)。

  A. ADC * .fnt   B. #ASK%.sbc

  C. CON. bat   D. SAQ/.txt

13. 在 PowerPoint 中,(　　　)说法不正确的。

  A. 我们可以在演示文稿和 Word 文稿之间建立连接

  B. 我们可以将 Excel 的数据直接导入幻灯片上的数据表

  C. 我们可以在幻灯片浏览视图中对演示文稿进行整体修改

  D. 演示文稿不能转换成 PDF

14. 在计算机应用中,"计算机辅助制造"的英文缩写是(　　　)。

  A. CAD   B. CAM   C. CAI   D. CAT

15. 中文 Windows 中包含的汉字库文件是用来解决(　　　)问题的。

  A. 使用者输入的汉字在机内的存储   B. 输入时的键盘编码

  C. 汉字识别   D. 输出时转换为显示或打印字模

16. 计算机内存的每个基本单位,被赋予一个唯一的(　　　),称为地址。

  A. 容量   B. 字节   C. 序号   D. 功能

17. 信息高速公路的基本特征是(　　　)、交互性和广域性。

  A. 高速   B. 方便   C. 灵活   D. 直观

18. (　　　)和(　　　)的集合称为网络体系结构。

  A. 数据处理设备、数据通信设备   B. 通讯子网、资源子网

  C. 层、协议   D. 通信线路、通信控制处理机

19. URL 的含义是(　　　)。

  A. 信息资源在网上什么位置和如何访问的统一的描述方法

  B. 信息资源在网上什么位置及如何定位寻找的统一的描述方法

  C. 信息资源在网上业务类型和如何访问的统一的描述方法

  D. 信息资源在网络地址的统一的描述方法

20. 下列关于计算机病毒的四条叙述中,错误的一条是(　　　)。

  A. 计算机病毒是一个标记或一个命令

  B. 计算机病毒是人为制造的一种程序

  C. 计算机病毒是一种通过磁盘、网络等媒介传播、扩散并传染其他程序的程序

  D. 计算机病毒是能够实现自身复制,并借助一定的媒体存储,具有潜伏性、传染性和破坏性的程序

21. 对于下列叙述,你认为正确的说法是(　　　)。

  A. 所有软件都可以自由复制和传播

  B. 受法律保护的计算机软件不能随意复制

C. 软件没有著作权，不受法律保护

D. 应当使用自己花钱买来的软件

22. 用高级语言编写的程序（　　　）。

    A. 只能在某种计算机运行

    B. 无需经常编译或解释，即可被计算机直接执行

    C. 具有通用性和可移植性

    D. 几乎不占用内存空间

23. 目前，制造计算机所使用的电子器件是（　　　）。

    A. 大规模集成电路　　　　　　　　　　B. 晶体管

    C. 集成电路　　　　　　　　　　　　　D. 大规模集成电路和超大规模集成电路

24. 在计算机中存储数据的最小单位是（　　　）。

    A. 字节　　　　　　　　B. 位　　　　　　　　C. 字　　　　　　　　D. 记录

25. CPU 每执行一个（　　　），就完成一步基本运算或判断。

    A. 软件　　　　　　　　B. 指令　　　　　　　C. 硬件　　　　　　　D. 语句

26. 组成计算机网络的最大好处（　　　）。

    A. 进行通话联系　　　　　　　　　　　B. 资源共享

    C. 发送电子邮件　　　　　　　　　　　D. 能使用更多的软件

27. 最早的搜索引擎是（　　　）。

    A. Sohoo　　　　　　　B. Excite　　　　　　C. Lycos　　　　　　D. Yahoo

28. Internet 为联网的每个网络和每台主机都分配了唯一的地址，该地址由纯数字组成并用小数点分隔，将它称为（　　　）。

    A. 服务器地址　　　　B. 客户机地址　　　　C. IP 地址　　　　　D. 域名

29. 多媒体信息不包括（　　　）。

    A. 文本、图形　　　　B. 音频、视频　　　　C. 图像、动画　　　　D. 光盘、声卡

30. 打印机的端口一般设定为（　　　）。

    A. COM1　　　　　　　B. COM2　　　　　　　C. LPT1　　　　　　　D. COM3

31. 在电子邮件中所包含的信息（　　　）。

    A. 只能是文字　　　　　　　　　　　　B. 只能是文字与图像信息

    C. 只能是文字与声音信息　　　　　　　D. 可以是文字、声音与图像等信息

32. 下列有关信息的描述正确的是（　　　）。

    A. 只有以书本的形式才能长期保存信息

    B. 数字信号比模拟信号更容易受干扰而导致失真

    C. 计算机以数字化的方式对各种信息进行处理

    D. 信息的数字化技术已初步被模拟化技术所取代

33. 下面几个不同进制的数中，最小的数是（　　　）。

    A. 二进制数 1001001　B. 十进制数 75　　　　C. 八进制 37　　　　D. 十六进制 A7

34. 目前大多数计算机，就其工作原理而言，基本上采用的是科学家（　　　）提出的存储程序控制原理。

    A. 比尔·盖茨　　　　B. 冯·诺依曼　　　　C. 乔治·布尔　　　　D. 艾伦·图灵

35. 下列四条叙述中,正确的一条是(　　　)。

　　A. 操作系统是一种重要的应用软件

　　B. 外存中的信息可直接被 CPU 处理

　　C. 用机器语言编写的程序可以被计算机直接处理

　　D. 电源关闭后,ROM 中的信息立即丢失

36. 高级语言编译程序按分类来看是属于(　　　)。

　　A. 操作系统　　　　　　B. 系统软件　　　　　　C. 应用软件　　　　　　D. 数据库管理软件

37. TCP/IP 是一种(　　　)。

　　A. 网络操作系统　　　　B. 网桥　　　　　　C. 网络协议　　　　　　D. 路由器

38. 在 Internet 中用于文件传送的服务是(　　　)。

　　A. FTP　　　　　　B. E-mail　　　　　　C. Telnet　　　　　　D. WWW

39. 下列有关回收站的说法中,正确的是(　　　)。

　　A. 扔进回收站中的文件,仍可恢复

　　B. 无法恢复回收站的单个文件

　　C. 无法恢复回收站的多个文件

　　D. 如果删除的是文件夹,只能恢复文件夹,不能恢复其内容

40. 数字字符 4 的 ASCII 码为十进制数 52,数字字符 9 的 ASCII 码为十进制数的(　　　)。

　　A. 57　　　　　　B. 58　　　　　　C. 59　　　　　　D. 60

41. 计算机内存中的只读存储器简称为(　　　)。

　　A. EMS　　　　　　B. RAM　　　　　　C. XMS　　　　　　D. ROM

42. 用户需要使用某个文件时,在命令中指出(　　　)是必要的。

　　A. 文件性质　　　　　　　　　　　　　　B. 文件内容

　　C. 文件路径　　　　　　　　　　　　　　D. 文件路径与文件名

43. 用下面(　　　)可将图片输入到计算机中。

　　A. 数码相机　　　　　　B. 绘图仪　　　　　　C. 键盘　　　　　　D. 鼠标

44. 国际标准化组织定义了开放系统互连模型(OSI),该模型将协议分成(　　　)层。

　　A. 5　　　　　　B. 6　　　　　　C. 7　　　　　　D. 8

45. 在下列设备中,既是输出设备又是输入设备的是(　　　)。

　　A. 显示器　　　　　　B. 磁盘驱动器　　　　　　C. 键盘　　　　　　D. 打印机

46. (　　　)是属于局域网中外部设备的共享。

　　A. 将多个用户的计算机同时开机

　　B. 借助网络系统传送数据

　　C. 局域网中的多个用户共同使用某个应用程序

　　D. 局域网中的多个用户共同使用网上的一个打印机

47. 多媒体 PC 机是指(　　　)。

　　A. 能处理声音的计算机

　　B. 能处理图像的计算机

　　C. 能进行通信的计算机

　　D. 能进行文本、声音、图像等多媒体处理的计算机

48.信息高速公路传送的是（　　　）。

    A. 多媒体信息　　　　　　　　　　　　B. 十进制数据

    C. ASCII 码数据　　　　　　　　　　　D. 系统软件与应用软件

49.下面关于中文 Windows 文件名的叙述，错误的是（　　　）。

    A. 文件命中允许汉字

    B. 文件命中允许使用空格

    C. 文件命中允许使用多个圆点分隔符

    D. 文件命中允许使用竖线（"|"）

50.以下（　　　）文件类型属于视频文件格式且被 PowerPoint 所支持。

    A. .avi　　　　　　　B. .wpg　　　　　　　C. .jpg　　　　　　　D. .winf

51.利用计算机进行图书馆管理，属于计算机应用中的（　　　）。

    A. 数值计算　　　　　B. 数据处理　　　　　C. 人工智能　　　　　D. 辅助设计

52.现代信息社会的主要标志是（　　　）。

    A. 汽车的大量生产　　　　　　　　　　B. 人口的日益增长

    C. 自然环境的不断改善　　　　　　　　D. 计算机技术的大量应用

53.十进制小数 0.625 转换成八进制小数是（　　　）。

    A. 0.05　　　　　　　B. 0.5　　　　　　　C. 0.6　　　　　　　D. 0.005

54.当电子邮件在发送过程中有误时（　　　）。

    A. 电子邮件将自动把有误的邮件删除

    B. 电子邮件丢失

    C. 电子邮件会将原邮件退回，并给出不能寄达的原因

    D. 电子邮件会将原邮件退回，但不给出不能寄达的原因

55.多媒体计算机是指（　　　）。

    A. 能与家用电器连接使用的计算机　　　B. 能处理多种媒体信息的计算机

    C. 连接有多种外部设备的计算机　　　　D. 能玩游戏的计算机

56.最先实现存储程序的计算机是以下哪一种（　　　）。

    A. ENIAC　　　　　　B. EDSAC　　　　　　C. EDVAC　　　　　　D. UNIVAC

57.个人计算机必不可少的输入输出设备是（　　　）。

    A. 键盘和显示器　　　B. 键盘和鼠标　　　　C. 显示器和打印机　　D. 鼠标和打印机

58.在下列四条叙述中，正确的一条是（　　　）。

    A. 在计算机中，数据单位 bit 的意思是字节

    B. 一个字节为 8 位二进制数

    C. 所有的十进制小数都能完全准确地转换成二进制小数

    D. 十进制负数－56 的八进制补码是 11000111

59.办公自动化是计算机的一项应用，按计算机应用的分类，它属于（　　　）。

    A. 科学计算　　　　　B. 实时控制　　　　　C. 数据处理　　　　　D. 辅助设计

60.使用 Pentium/200 芯片的微机，其 CPU 的时钟频率为（　　　）。

    A. 200MHz　　　　　　B. 200Hz　　　　　　C. 200MB　　　　　　D. 200KB

61.MIPS 常用来描述计算机的运算速度，其含义是（　　　）。

A. 每秒钟处理百万个字符　　　　　B. 每分钟处理百万个字符

C. 每秒钟处理百万条指令　　　　　D. 每分钟处理百万条指令

62. 计算机网络的目标是（　　　）。

A. 分布处理

B. 将多台计算机连接起来

C. 提高计算机可靠性

D. 共享软件、硬件和数据资源

63. 影响局域网性能的主要因素是局域网的（　　　）。

A. 通信线路　　　　B. 路由器　　　　C. 中继器　　　　D. 调制解调器

64. 在 Windows 中有关文件或文件夹的属性说法不正确的是（　　　）。

A. 所有文件或文件夹都有自己的属性

B. 文件存盘后，属性就不可以改变

C. 用户可以重新设置文件或文件夹属性

D. 文件或文件夹的属性包括只读、隐藏、系统以及存档等

65. 二进制数 10111101110 转换成八进制数是（　　　）。

A. 2743　　　　　　B. 5732　　　　　C. 6572　　　　　D. 2756

66. 宏病毒可以感染（　　　）。

A. 可执行文件

B. 引导扇区/分区表

C. Word/Excel 文档

D. 数据库文件

67. 下列叙述中，正确的说法是（　　　）。

A. 编译程序、解释程序和汇编程序不是系统软件

B. 故障诊断程序、排错程序、人事管理系统属于应用软件

C. 操作系统、财务管理程序、系统服务程序都不是应用程序

D. 操作系统和各种程序设计语言的处理程序都是应用软件

68. 我国《计算机软件保护条例》自 1991 年 10 月 1 日起开始执行，凡软件（　　　）之日起即行保护 25 年。

A. 完成开发　　　　B. 注册登记　　　　C. 公开发表　　　　D. 评审通过

69. 显示器是一种（　　　）。

A. 存储器　　　　　B. 输出设备　　　　C. 微处理器　　　　D. 输入设备

70. 巨型计算机指的是（　　　）。

A. 重量大　　　　　B. 体积大　　　　　C. 功能强　　　　　D. 耗电量大

71. 使用 Internet 的 FTP 功能，可以（　　　）。

A. 发送和接收电子函件

B. 执行文件传输服务

C. 浏览 Web 页面

D. 执行 Telnet 远程登录

72. Internet 采用的标准网络协议是（　　　）。

A. IPX/SPX　　　　B. TCP/IP　　　　C. NETBEUT　　　　D. 以上都不是

73. 电子邮件地址的格式为：username@hostname，其中 hostname 为（　　　）。

A. 用户地址名

B. ISP 某台主机的域名

C. 某公司名

D. 某国家名

74. 近来计算机报刊上常出现的"C#"一词指（　　　）。

A. 一种计算机语言

B. 一种计算机设备

C. 一个计算机厂家云集的地方　　　　　　D. 一种新的数据库软件

75. 局域网的硬件组成有(　　)、个人计算机、工作站或其他智能设备、网卡和电缆等。

　　A. 网络服务器　　　B. 网络操作系统　　　C. 网络协议　　　D. 路由器

76. 在多媒体系统中，显示器和键盘属于(　　)。

　　A. 感觉媒体　　　B. 表示媒体　　　C. 表现媒体　　　D. 传输媒体

77. Windows 7 操作系统是一个(　　)。

　　A. 单用户多任务操作系统　　　　　　B. 单用户单任务操作系统

　　C. 多用户多任务操作系统　　　　　　D. 多用户单任务操作系统

78. PowerPoint 中可以对幻灯片进行移动、删除、复制、设置动画效果，但不能编辑幻灯片具体内容的视图是(　　)。

　　A. 普通视图　　　B. 幻灯片视图　　　C. 幻灯片浏览视图　　　D. 大纲视图

79. 在 Windows 中，一个文件夹中可包含(　　)。

　　A. 文件　　　B. 文件夹　　　C. 快捷方式　　　D. 以上三种都可以

80. (　　)不是 PowerPoint 允许插入的对象。

　　A. 图形、图表　　　　　　B. 表格、声音

　　C. 视频剪辑、数学公式　　　　　　D. 组织结构图、数据库

81. 640KB 等于(　　)字节。

　　A. 655360　　　B. 640000　　　C. 600000　　　D. 64000

82. 八进制数 413 转换成十进制数是(　　)。

　　A. 324　　　B. 267　　　C. 299　　　D. 265

83. 计算机的内存储器简称内存，它是由(　　)构成。

　　A. 随机存储器和软盘　　　　　　B. 随机存储器和只读存储器

　　C. 只读存储器和控制器　　　　　　D. 软盘和硬盘

84. 操作系统是(　　)的接口。

　　A. 用户与软件　　　　　　B. 系统软件与应用软件

　　C. 主机与外设　　　　　　D. 用户与计算机

85. 关于计算机的启动和关机说法正确的是(　　)。

　　A. 计算机冷启动时应先开主机电源，再开外部设备电源

　　B. 计算机冷启动时应先开外部设备电源，再开主机电源

　　C. 计算机关机时应先关外部设备电源，再关主机电源

　　D. 计算机关机时应主机电源和外部设备电源一起关

86. 通过计算机网络可以进行收发电子邮件，它除可以收发普通电子邮件外，还可以(　　)。

　　A. 传送计算机软件　　　　　　B. 传送语音

　　C. 订阅电子报刊　　　　　　D. 以上都对

87. 下列说法中，(　　)是正确的。

　　A. 目前电子邮件比普通邮件方式普及

　　B. 电子邮件的保密性没有普通邮件的高

　　C. 电子邮件发送过程中不会出现丢失现象

　　D. 正常情况下电子邮件比普通邮件块

88. Windows 中的即插即用是指（　　）。

    A. 在设备测试中帮助安装和配置设备

    B. 使操作系统更易使用、配置和管理

    C. 系统状态动态改变后以事件方式通知其他系统组件和应用程序

    D. 以上都对

89. 使 PC 机正常工作必不可少的软件是（　　）。

    A. 数据库软件　　　　B. 辅助教学软件　　　　C. 操作系统　　　　D. 文字处理软件

90. 八进制数 253.743 转换成二进制数是（　　）。

    A. 10101011. 1111　　　　　　　　B. 10111011. 0101

    C. 11001011. 1001　　　　　　　　D. 10101111. 1011

91. 下列软件中,属于应用软件的是（　　）。

    A. UNIX　　　　　　B. WPS　　　　　　C. Windows 98　　　　D. DOS

92. 计算机诞生以来,无论在性能、价格等方面都发生了巨大的变化,但是（　　）并没有发生多大的变化。

    A. 耗电量　　　　　B. 体积　　　　　　C. 运算速度　　　　D. 基本工作原理

93. 计算机病毒主要是造成（　　）的破坏

    A. 磁盘　　　　　　　　　　　　　　B. 磁盘驱动器

    C. 磁盘和其中的程序与数据　　　　D. 程序和数据

94. 以下（　　）服务不属于 Internet 服务。

    A. 电子邮件　　　　B. 货物快递　　　　C. 信息查询　　　　D. 文件传输

95. PowerPoint 的主要功能（　　）。

    A. 文字处理　　　　　　　　　　　　B. 表格处理

    C. 图表处理　　　　　　　　　　　　D. 电子演示文稿处理

96. 我国的国家标准 GB2312 用（　　）位二进制数来表示一个汉字。

    A. 8　　　　　　　　B. 16　　　　　　　C. 4　　　　　　　　D. 7

97. 一个字节包含（　　）个二进制位。

    A. 8　　　　　　　　B. 16　　　　　　　C. 32　　　　　　　D. 64

98. Internet 比较确切的一种含义是（　　）。

    A. 一种计算机的品牌　　　　　　　　B. 网络中的网络,即互连各个网络

    C. 一个网络的顶级域名　　　　　　　D. 美国军方的非机密军事情报网络

99. 防止计算机中信息被窃取的手段不包括（　　）。

    A. 用户识别　　　　B. 权限控制　　　　C. 数据加密　　　　D. 病毒控制

100. 从第一代电子数字计算机到第四代计算机的体系结构都是相同的,都由运算器、控制器以及输入/输出设备组成,称为（　　）体系结构。

    A. 比尔·盖茨　　　　B. 冯·诺依曼　　　　C. 乔治·布尔　　　　D. 艾伦·图灵

101. 计算机中的（　　）属于软故障。

    A. 电子器件故障　　　　　　　　　　B. 存储器故障

    C. 电源故障　　　　　　　　　　　　D. 系统配置错误或丢失

102. 计算机软件著作的保护期为（　　）年。

A. 10   B. 20   C. 15   D. 25

103. 对 3.5 英寸软盘,移动滑块封住写保护孔,就(　　　)。

    A. 不能存数据也不能取数据   B. 既能存数据也能取数据

    C. 只能存数据而不能取数据   D. 只能取数据而不能存数据

104. 计算机网络的最突出的优点是(　　　)。

    A. 共享资源   B. 精度高   C. 运算速度快   D. 内存容量大

105. Internet 起源于(　　　)。

    A. 美国   B. 英国   C. 德国   D. 澳大利亚

106. 计算机能直接执行的指令包括两部分,它们是(　　　)。

    A. 原操作数和目标操作数   B. 操作码和操作数

    C. ASCII 码和汉字代码   D. 数字和文字

107. 在下列无符号十进制数中,能用 8 位二进制数表示的是(　　　)。

    A. 255   B. 256   C. 317   D. 289

108. 计算机一旦断电,(　　　)的信息就会丢失。

    A. 硬盘   B. 软盘   C. RAM   D. ROM

109. 信息化社会的核心基础是(　　　)。

    A. 通信   B. 控制   C. 计算机   D. Internet

110. 一般把软件分为两大类(　　　)。

    A. 文字处理软件和数据库管理软件   B. 操作系统软件和数据库管理系统

    C. 程序和数据   D. 系统软件和应用软件

111. 要在因特网上实现电子邮件,所有的用户终端机都必须或通过局域网或用 Modem 通过电话线连接到(　　　),它们之间再通过 Internet 相连。

    A. 本地局域网   B. E-mail 服务器

    C. 本地主机   D. 全国 E-mail 服务中心

112. 多媒体 PC 机上常用的 CD-ROM 是(　　　)。

    A. 只读光盘   B. 只读存储器   C. 硬盘   D. 可擦写光盘

113. 计算机病毒传染的必要条件是(　　　)。

    A. 在计算机内存中运行病毒程序   B. 对磁盘进行读写操作

    C. A 和 B 不是必要条件   D. A 和 B 均要满足

114. 向计算机输入中文信息的方式有(　　　)。

    A. 键盘   B. 语音   C. 手写   D. 以上都可以

115. CPU 每执行一个(　　　),就完成一步基本运算或判断。

    A. 软件   B. 指令   C. 硬件   D. 语句

116. 电子邮件地址的一般格式为(　　　)。

    A. 用户名@域名   B. 域名@用户名

    C. IP 地址@域名   D. 域名@IP 地址

117. 影响局域网性能的主要因素是局域网的(　　　)。

    A. 通信线路   B. 路由器   C. 中继器   D. 调制解调器

118. 在多媒体系统中,内存和光盘属于(　　　)。

A. 感觉系统　　　　　B. 传输媒体　　　　　C. 表现媒体　　　　　D. 存储媒体

119. 在 Excel 中,当公式中出现被零除的现象时,产生的错误值是(　　　)。

A. ♯N/A!　　　　B. ♯DIV/0　　　　　C. ♯NUM!　　　　D. ♯VALUE!

120. 退出 Windows 时,直接关闭计算机电源可能产生的后果是(　　　)。

A. 可能破坏尚未存盘的文件　　　　　　B. 可能破坏临时设置

C. 可能破坏某些程序的数据　　　　　　D. 以上都对

121. 有一个数值 152,它与十六进制数 6A 相等,那么该数值是(　　　)。

A. 十进制数　　　B. 二进制数　　　　C. 四进制数　　　　D. 八进制数

122. (　　　)是指专门为某一应用目的而编制的软件。

A. 系统软件　　　B. 数据库管理系统　　C. 操作系统　　　　D. 应用软件

123. 对文件的确切定义应该是(　　　)。

A. 记录在磁盘上的一组相关命令的集合

B. 记录在磁盘上的一组相关程序的集合

C. 记录在存储介质上的一组相关数据的集合

D. 记录在存储介质上的一组相关信息的集合

124. 计算机病毒会造成计算机(　　　)的损坏。

A. 硬件、软件和数据　　　　　　　　　B. 硬件和软件

C. 软件和数据　　　　　　　　　　　　D. 硬件和数据

125. Intel80486 是(　　　)位微处理器芯片。

A. 8　　　　　　B. 16　　　　　　　C. 32　　　　　　　D. 64

126. 在微机中,VGA 的含义是(　　　)。

A. 键盘型号　　　B. 显示标准　　　　C. 光盘驱动器　　　D. 主机型号

127. 十六进制数 FF.1 转换成十进制数是(　　　)。

A. 255.625　　　B. 250.1625　　　　C. 255.0625　　　D. 250.0625

128. 将高级语言编写的源程序生成目标程序,要经过(　　　)。

A. 编辑　　　　　B. 汇编　　　　　　C. 动态重定位　　　D. 编译

129. 我们将在 Excel 环境中用来存储并处理工作表数据的文件称为(　　　)。

A. 单元格　　　　B. 工作表　　　　　C. 工作簿　　　　　D. 工作区

130. 与十进制数 93 等值的二进制数是(　　　)。

A. 1010011　　　B. 1111001　　　　C. 1011100　　　　D. 1011101

131. 下列存储器中,存取速度最快的是(　　　)。

A. 软盘　　　　　B. 光盘　　　　　　C. 硬盘　　　　　　D. 内存

132. 计算机的存储系统通常分为(　　　)。

A. 内存储器和外存储器　　　　　　　　B. 软盘和硬盘

C. ROM 和 RAM　　　　　　　　　　　D. 内存和硬盘

133. 计算机系统由(　　　)和(　　　)组成,它们之间的关系是(　　　)。

A. 硬件系统、软件系统、无关　　　　　B. 主机、外设、无关

C. 硬件系统、软件系统、相辅相成　　　D. 主机、软件系统、相辅相成

134. 目前 3.5 英寸高密度软盘的最大容量为(　　　)。

A. 360KB   B. 1.2MB   C. 720KB   D. 1.44MB

135. 在计算机中,用文字、图像、语言、情景、现象所表示的内容都可以成为(　　)。

     A. 表象   B. 文章   C. 消息   D. 信息

136. 下列关于网络的特点的几个叙述中,不正确的一项是(　　)。

     A. 网络中的数据共享

     B. 网络中的外部设备共享

     C. 网络中的所有计算机必须是同一品牌、同一型号

     D. 网络方便信息的传递和交换

137. UPS 最主要的功能是(　　)。

     A. 电源稳压   B. 发电供电   C. 不间断电源   D. 防止电源干扰

138. PC 机 CPU 中的 MMX 指的是(　　)。

     A. 这种 CUP 的系列号   B. CPU 指令的多媒体扩展

     C. CPU 中增加了一个叫 MMX 的控制器   D. CPU 增加了一个 MMX 指令

139. 杀毒软件能够(　　)。

     A. 消除已感染的所有病毒

     B. 发现并阻止任何病毒的入侵

     C. 杜绝对计算机的侵害

     D. 发现病毒入侵的某些迹象并及时清除或提醒操作者

140. 软盘连同软盘驱动器是一种(　　)。

     A. 数据库管理系统   B. 外存储器

     C. 内存储器   D. 数据库

141. 在普通 PC 机连入局域网中,需要在该机器内增加(　　)。

     A. 传真机   B. 调制解调器   C. 网卡   D. 串行通信卡

142. 计算机中的字节是常用单位,它的英文名称是(　　)。

     A. bit   B. byte   C. bout   D. baud

143. 在 Windows 中,任务栏的作用是(　　)。

     A. 显示系统的所有功能   B. 只显示当前活动窗口

     C. 只显示正在后台工作的窗口名   D. 实现窗口之间的切换

144. 在计算机内部,一切信息的存储、处理和传送都是以(　　)。

     A. EBCDIC 码   B. ASCII 码   C. 十六进制   D. 二进制

145. 以下使用计算机的不好习惯是(　　)。

     A. 计算机病毒可能会破坏计算机软件和硬件

     B. 学习使用计算机就应该学习编写计算机程序

     C. 使用计算机时,用鼠标器比用键盘更有效

     D. Windows 的"记事本"能查看 Word 格式的文件内容

146. 关于 CPU,下列说法不正确的是(　　)。

     A. CPU 是中央处理器的简称   B. CPU 可以代替存储器

     C. PC 机的 CPU 也称为微处理器   D. CPU 是计算机的核心部件

147. 下面(　　)设备读取数据的速度最快。

A. 磁带机　　　　　B. 光盘驱动器　　　　C. 软盘驱动器　　　　D. 硬盘驱动器

148. 在一个 URL："http://www.hziee.edu.cn/index.html"中的"www.hziee.edu.cn"是指（　　　）。

A. 一个主机的域名　　　　　　　　B. 一个主机的 IP 地址

C. 一个 Web 主页　　　　　　　　D. 一个 IP 地址

149. 下列对 UPS 的作用叙述正确的是（　　　）。

A. 当计算机运行突遇断电时能紧急提供电源,保护计算机的数据免遭丢失

B. 使计算机运行得更快

C. 减少计算机运行时的发热量

D. 降低计算机工作时发出的噪音

150. 因特网中的域名服务器系统负责全网的 IP 地址的解析工作,它的好处是（　　　）。

A. IP 地址从 32 位的二进制地址缩减为 8 位的二进制地址

B. 再也不需要 IP 协议了

C. 我们只需要简单地记住一个网站域名,而不必记 IP 地址

D. 再也不需要 IP 地址了

151. Excel 电子表格应用软件中,具有数据的（　　　）功能。

A. 增加　　　　　B. 删除　　　　　C. 处理　　　　　D. 以上都对

152. 当今的信息技术,主要指（　　　）。

A. 计算机技术　　　　　　　　　　B. 网络技术

C. 计算机和网络通信技术　　　　　D. 多媒体技术

153. 下面关于显示器的叙述中,错误的一条是（　　　）。

A. 显示器的分辨率与微处理器的型号有关

B. 显示器的分辨率为 1024×768,表示以屏幕水平方向每行有 1024 个点,垂直方向每列有 768 个点

C. 显示卡是驱动、控制计算机显示器以显示文本、图形、图像信息的硬件装置

D. 像素是显示屏上能独立赋予颜色和亮度的最小单位

154. 下列叙述中,正确的是（　　　）。

A. 中文 Windows 已经内置了五笔字型输入法

B. 中文 Windows 不能使用五笔字型输入法

C. 中文 Windows 提供了汉字输入法接口,可以挂入五笔字型输入法

D. 中文 Windows 没有提供了汉字输入法接口

155. 下列说法错误的是（　　　）。

A. 电子邮件是 Internet 提供的一项最基本的服务

B. 电子邮件具有快速、高效、方便、价廉等优点

C. 通过电子邮件,可向世界上任何一个角落的网上用户发送信息

D. 可发送的多媒体只有文字和图像

156. 多媒体电脑除了一般电脑所需要的基本配置外,至少还应有光驱、音箱和（　　　）。

A. 调制解调器　　　　B. 扫描仪　　　　　C. 数码照相机　　　　D. 声卡

157. 个人计算机简称 PC 机。这种计算机属于（　　　）。

　　A. 微型计算机　　　B. 小型计算机　　　C. 超级计算机　　　D. 巨型计算机

158. 广域网和局域网是按照（　　）来分的。

　　A. 网络使用者　　　B. 信息交换方式　　　C. 网络作用范围　　　D. 传输控制协议

159. 以下软件中不属于浏览器的是（　　）。

　　A. Internet Explorer

　　B. Netscape Navigator

　　C. Opera

　　D. Cute FTP

160. 在 Windows 中，用户可以对磁盘进行快速格式化，但是被格式化的磁盘必须是（　　）。

　　A. 从未格式化的新盘

　　B. 无坏道的新盘

　　C. 低密度磁盘

　　D. 以前做过格式化的磁盘

161. 下列对 PowerPoint 的主要功能叙述不正确的是（　　）。

　　A. 课堂教学　　　B. 学术报告　　　C. 产品介绍　　　D. 休闲娱乐

162. 1KB 等于（　　）字节。

　　A. 1000　　　　　B. 1048　　　　　C. 1024　　　　　D. 1056

163. CPU 是计算机硬件系统的核心，它是由（　　）组成的。

　　A. 运算器和存储器

　　B. 控制器和乘法器

　　C. 运算器和控制器

　　D. 加法器和乘法器

164. 假设机箱内已经正确地插入高质量的声卡，但却始终没有声音，其原因可能是（　　）。

　　A. 没有安装音响或音响没有打开

　　B. 音量调节过低

　　C. 没有安装相应的驱动程序

　　D. 以上都有可能

165. 计算机病毒的特点是（　　）。

　　A. 传播性、潜伏性、破坏性

　　B. 传播性、潜伏性、易读性

　　C. 潜伏性、破坏性、易读性

　　D. 传播性、潜伏性、安全性

166. 最能准确地反映计算机主要功能的是（　　）。

　　A. 计算机可以代替人的脑力劳动

　　B. 计算机可以存储大量的信息

　　C. 计算机可以实现高速度的运算

　　D. 计算机是一种信息处理机

167. 由二进制代码表示的机器指令能被计算机（　　）。

　　A. 直接执行　　　B. 解释后执行　　　C. 汇编后执行　　　D. 编译后执行

168. 高级语言编译程序按分类来看是属于（　　）。

　　A. 操作系统　　　B. 系统软件　　　C. 应用软件　　　D. 数据库管理软件

169. 以下列举的关于 Internet 的各种功能中，错误的是（　　）。

　　A. 程序编译　　　B. 电子邮件传送　　　C. 数据库检索　　　D. 信息查询

170. 在同一张软盘上，Windows（　　）。

　　A. 允许同一文件夹中的文件同名，也允许不同文件夹中的文件同名

　　B. 不允许同一文件夹的文件以及不同文件夹中的文件同名

　　C. 允许同一文件夹中的文件同名，不允许不同文件夹中的文件同名

　　D. 不允许同一文件夹中的文件同名，允许不同文件夹中的文件同名

171. 假如安装的是第一台打印机，那么它被指定为（　　）打印机。

　　A. 本地　　　　　B. 网络　　　　　C. 默认　　　　　D. 普通

172. 在 3.5 英寸高密度（1.44MB）软盘的每个盘面上有（　　）个磁道。

A. 40   B. 80   C. 120   D. 256

173. 计算机网络的目标是实现（   ）。

     A. 数据处理   B. 信息传输与数据处理

     C. 文献查询   D. 资源共享与信息传输

174. 在 Windows 的网络方式中欲打开其他计算机中的文档时，地址的完整格式是（   ）。

     A. \计算机名\路径名\文档名   B. 文档名\路径名\计算机名

     C. \计算机名\路径名 文档名   D. \计算机名 路径名 文档名

175. 主机箱上"RESET"按钮的作用是（   ）。

     A. 关闭计算机的电源   B. 使计算机重新启动

     C. 设置计算机的参数   D. 相当于鼠标的左键

176. 从第一台计算机诞生到现在的 60 多年中，按计算机采用的电子器件类型来划分，计算机的发展经历了（   ）个阶段。

     A. 4   B. 6   C. 7   D. 3

177. 目前在下列各种设备中，读取数据快慢的顺序为（   ）。

     A. 软驱、硬驱、内存和光驱   B. 软驱、内存、硬驱和光驱

     C. 内存、硬驱、光驱和软驱   D. 光驱、软驱、硬驱和内存

178. 计算机病毒是一种（   ）。

     A. 程序   B. 电子元件   C. 微生物病毒   D. 机器部件

179. 电子邮件协议中，（   ）具有很大的灵活性，并可决定将电子邮件存储在服务器邮箱，还是本地邮箱。

     A. POP3   B. SMTP   C. MIME   D. X. 400

180. 表示存储器的容量，MB 的准确含义是（   ）。

     A. 1 米   B. 1024K 字节   C. 1024 字节   D. 1000 字节

181. PC 机的更新主要基于（   ）的变革。

     A. 软件   B. 微处理器   C. 存储器   D. 磁盘容量

182. 采用大规模集成电路或超大规模集成电路的计算机属于（   ）计算机。

     A. 第一代   B. 第二代   C. 第三代   D. 第四代

183. 计算机存储器中的一个字节可以存放（   ）。

     A. 一个汉字   B. 两个汉字   C. 一个西文字符   D. 两个西文字符

184. 若某台微型计算机的型号是 486/25，其中 25 的含义是（   ）。

     A. CPU 中有 25 个寄存器   B. CPU 中有 25 个运算器

     C. 该微机的内存为 25MB   D. 时钟频率为 25MHz

185. 在普通 PC 机连入局域网中，需要在该机器内增加（   ）。

     A. 传真卡   B. 调制解调器   C. 网卡   D. 串行通信卡

186. 用汇编语言编写的程序需经过（   ）翻译成机器语言后，才能在计算机中执行。

     A. 编译程序   B. 解释程序   C. 操作系统   D. 汇编程序

187. 某部门委托他人开发软件，如无书面协议明确规定，则该软件的著作权属于（   ）。

     A. 受委托者   B. 委托者   C. 双方共有   D. 进入共有领域

188. 在电子邮件中，"邮局"一般放在（   ）。

A. 发送方的个人计算机中　　　　　　　　B. ISP 主机中

C. 接受方的个人计算机中　　　　　　　　D. 本地电信局

189. 在计算机领域,媒体分为( )这几类。

A. 感觉媒体、表示媒体、表现媒体、存储媒体和传输媒体

B. 动画媒体、语言媒体和声音媒体

C. 硬件媒体和软件媒体

D. 信息媒体、文字媒体和图像媒体

190. 在 Windows 中的桌面是指( )。

A. 电脑台　　　　　　　　　　　　　　　B. 活动窗口

C. 资源管理器窗口　　　　　　　　　　　D. 窗口、图标、对话框所在的屏幕

191. 在 PowerPoint 中,"视图"这个名词表示( )。

A. 一种视图　　　　　　　　　　　　　　B. 显示幻灯片的方式

C. 编辑演示文稿的方式　　　　　　　　　D. 一张正在修改的幻灯片

192. 最基础最重要的系统软件是( )。

A. 数据库管理系统　　　　　　　　　　　B. 文字处理软件

C. 操作系统　　　　　　　　　　　　　　D. 电子表格软件

193. Internet 的缺点是( )。

A. 不够安全　　　　　　　　　　　　　　B. 不能传输文件

C. 不能实现现场对话　　　　　　　　　　D. 不能传输声音

194. 计算机软件的著作权属于( )。

A. 销售商　　　　B. 使用者　　　　C. 软件的开发者　　　　D. 购买者

195. 下列程序中不属于系统软件的是( )。

A. 编译程序　　　　B. C 源程序　　　　C. 解释程序　　　　D. 编译程序

196. Telnet 的功能是( )。

A. 软件下载　　　　B. 远程登录　　　　C. WWW 浏览　　　　D. 新闻广播

197. 编辑演示文稿时,要在幻灯片中插入表格、剪贴画或照片等图形,应在( )进行。

A. 备注页视图　　　　　　　　　　　　　B. 幻灯片浏览视图

C. 幻灯片窗格　　　　　　　　　　　　　D. 大纲图格

198. 在 Windows 中,有些文件的内容比较多,即使窗口最大化也无法在屏幕上完全显示出来,此时可利用窗口的( )来阅读文件内容。

A. 窗口边框　　　　B. 控制菜单　　　　C. 滚动条　　　　D. 最大化按钮

199. 为达到某一目的而编制的计算机指令序列称为( )。

A. 软件　　　　B. 字符串　　　　C. 程序　　　　D. 命令

200. ( )称为完整的计算机软件。

A. 供大家使用的软件　　　　　　　　　　B. 各种可用的程序

C. 程序连同有关的说明资料　　　　　　　D. CPU 能够执行的所有指令

201. DROM 存储器是( )。

A. 动态只读存储器　B. 动态随机存储器　C. 静态只读存储器　D. 静态随机存储器

202. URL 的意思是( )。

A. 统一资源定位器　　　　　　　　B. 协议

C. 简单邮件传输协议　　　　　　　D. 传输控制协议

203. 计算机网络中,数据的传输速度常用的单位( )。

A. bps　　　　　B. MHz　　　　　C. Byte　　　　　D. 字符/秒

204. Windows 系统安装完毕并启动后,由系统安排在桌面上的图标是( )。

A. 资源管理器　　B. 回收站　　　　C. 记事本　　　　D. 控制面板

205. 下面( )设备分别为输入设备、输出设备和存储设备。

A. 显示器、CPU 和 ROM　　　　　B. 磁盘、鼠标和键盘

C. 鼠标、绘图仪和光盘　　　　　　D. 磁带、打印机和调制解调器

206. 下列软件中,属于系统软件的是( )。

A. WPS　　　　　B. CCED　　　　C. Word　　　　　D. DOS

207. 计算机内存每个基本单元,都被赋予一个唯一的序号,称为( )。

A. 地址　　　　　B. 字节　　　　　C. 编号　　　　　D. 容量

208. 下列叙述中,错误的是( )。

A. 软盘驱动器既可以作为输入设备,也可以作为输出设备

B. 操作系统用于管理计算机系统的软、硬件资源

C. 键盘上功能键表示的功能是由计算机硬件确定的

D. PC 机开机时应先接通外部设备电源,再接通主机电源

209. 网络互连设备中的 HUB 称为( )。

A. 集线器　　　　B. 网关　　　　　C. 网卡　　　　　D. 交换机

210. ISO OSI/RM 是一种( )。

A. 网络操作系统　B. 网桥　　　　　C. 网络体系结构　D. 路由器

211. Java 是一种新的( )。

A. 操作系统　　　B. 字表处理软件　C. 数据库管理系统　D. 编程语言

212. 微型计算机通常是由( )几部分组成。

A. 运算器、控制器、存储器和输入输出设备

B. 运算器、外部存储器、控制器和输入输出设备

C. 电源、控制器、存储器和输入输出设备

D. 运算器、放大器、存储器和输入输出设备

213. 多媒体技术发展的基础是( )。

A. 数据库与操作系统的结合

B. 通信技术、数字化技术和计算机技术的结合

C. CPU 的发展

D. 通信技术的发展

214. 在 Windows 中,下列叙述正确是( )。

A. 回收站与剪贴板一样,是内存中的一块区域

B. 只有对当前活动窗口才能进行移动、改变窗口大小

C. 一旦屏幕保护开始,原来在屏幕上的活动窗口就关闭了

D. 桌面上的图标,不能按用户的意愿重新排列

215.硬盘工作是应该特别注意避免（　　　）。

    A.噪音　　　　　　　　B.潮湿　　　　　　　　C.振动　　　　　　　　D.日光

216.PowerPoint 2010 的大纲视图中,不可以（　　　）。

    A.插入幻灯片　　　　B.删除幻灯片　　　　C.移动幻灯片　　　　D.添加文本框

217.软磁盘加上写保护后,对它可以进行的操作是（　　　）。

    A.既可读又可写　　　　　　　　　　　B.既不能读也不能写

    C.只能读不能写　　　　　　　　　　　D.只能写不能读

218.计算机内部识别的代码是（　　　）。

    A.二进制数　　　　　B.八进制数　　　　　C.十进制数　　　　　D.十六进制数

219.PowerPoint 中,"打包"的含义是（　　　）。

    A.压缩演示文稿便于存放

    B.将嵌入的对象与演示文稿复制在同一张盘上

    C.压缩演示文稿便于携带

    D.将播放器与演示文稿复制到同一张盘上

220.PowerPoint 运行的平台是（　　　）。

    A.Windows　　　　　B.Unix　　　　　　　C.Linux　　　　　　　D.DOS

221.（　　　）是大写字母的锁定键,主要用于连续输入若干大写字母。

    A.Tab　　　　　　　　B.Caps Lock　　　　C.Shift　　　　　　　D.Alt

222.RAM 是随机存储器、它分为（　　　）两种。

    A.ROM 和 SRAM　　　　　　　　　　　B.DRAM 和 SRAM

    C.ROM 和 DRAM　　　　　　　　　　　D.ROM 和 CD-ROM

223.现代计算机之所以能自动地连续进行数据处理,主要原因是（　　　）。

    A.采用了开关电路　　　　　　　　　　B.采用了半导体器件

    C.具有存储程序的功能　　　　　　　　D.采用了二进制

224.在 Windows 中,下列叙述正确的是（　　　）。

    A.当用户为应用程序创建了快捷方式时,就是为应用程序增加一个备份

    B.关闭一个窗口就是将该窗口正在运行的程序转入后台运行

    C.桌面上的图标完全可以按用户的意愿重新排列

    D.一个应用程序窗口只能显示一个文档窗口

225.八倍速 CD-ROM 驱动器的数据传输速率为（　　　）。

    A.300KB/s　　　　　B.600KB/s　　　　　C.900KB/s　　　　　D.1.2MB/s

二、多选题

1.在 Windows 中,桌面是指（　　　）。

    A.电脑桌　　　　　　　　　　　　　　B.活动窗口

    C.窗口、图标和对话框所在的屏幕背景　D.A、B 均不正确

2.在 Windows 中,下面有关打印机方面的叙述中,（　　　）是不正确的。

    A.局域网上连接的打印机称为本地打印机　B.本机上连接的打印机称为本地打印机

    C.使用控制面板可以安装打印机　　　　　D.一台微机只能安装一种打印驱动程序

3.在计算机中,采用二进制是因为（　　　）。

A.可降低硬件成本　　　　　　　　　　B.二进制的运算法则简单

C.系统具有较好的稳定性　　　　　　　D.上述三个说法都不对

4.计算机病毒会造成计算机的（　　）损坏。

A.硬件　　　　　　B.软件　　　　　　C.数据　　　　　　D.程序

5.计算机信息技术的发展，使计算机朝着（　　）方向发展。

A.巨型化和微型化　　　　　　　　　　B.网络化

C.智能化　　　　　　　　　　　　　　D.多功能化

6.计算机硬件系统主要性能指标有（　　）。

A.字长　　　　　　　　　　　　　　　B.操作系统性能

C.主频　　　　　　　　　　　　　　　D.主存容量

7.下列软件中属于系统软件的有（　　）。

A.操作系统　　　　B.编译程序　　　　C.数据库管理系统　　D.汇编程序

8.编辑 PowerPoint 演示文稿文本占位符中的文字可以在（　　）中进行。

A.大纲视图　　　　B.幻灯片视图　　　C.备注页视图　　　　D.幻灯片浏览视图

9.下列项中，属于多媒体软件的有（　　）。

A.多媒体压缩/解压缩软件　　　　　　B.多媒体声像同步软件

C.多媒体通信协议　　　　　　　　　　D.多媒体功能卡

10.软件著作人享有的权利有（　　）。

A.发表权　　　　　B.署名权　　　　　C.修改权　　　　　D.发行权

11.软件由（　　）和（　　）两部分组成。

A.数据　　　　　　B.文档　　　　　　C.程序　　　　　　D.工具

12.下列叙述正确的是（　　）。

A.任何二进制整数都可以完整地用十进制整数来表示

B.任何十进制小数都可以完整地用二进制小数来表示

C.任何二进制小数都可以完整地用十进制小数来表示

D.任何十进制数都可以完整地用十六进制数来表示

13.完整的计算机系统由（　　）组成。

A.硬件系统　　　　B.系统软件　　　　C.软件系统　　　　D.操作系统

14.设 A 盘处于写保护状态，以下可以进行的操作是（　　）。

A.将 A 盘中某个文件改名　　　　　　B.将 A 盘中所有内容复制到 C 盘

C.在 A 盘上建立 AA.C　　　　　　　　D.显示 A 盘目录树

15.域名 WWW.ACM.ORG（　　）。

A.是中国的非盈利的组织的服务器　　　B.其中最高层域名是 ORG

C.其中组织机构的缩写是 ACM　　　　　D.是美国的非盈利的组织的服务器

16.下列对第一台电子计算机 ENIAC 的叙述中，（　　）是错误的。

A.它的主要元件是电子管

B.它的主要工作原理是存储程序和程序控制

C.它是 1946 年在美国发明的

D.它的主要功能是数据处理

17. TCP/IP 协议把 Internet 网络系统描述成具有四层功能的网络模型，即接口层、网络层和（　　）、（　　）。

    A. 关系层   B. 应用层   C. 表示层   D. 传输层

18. 下面列举的关于 Internet 的各项功能中，正确的是（　　）。

    A. 程序编译   B. 电子函件传送   C. 数据库检索   D. 信息查询

19. 下列项中，属于多媒体功能卡的有（　　）。

    A. IC 卡   B. 视频卡   C. 声卡   D. 网卡

20. 操作系统是（　　）与（　　）的接口。

    A. 用户   B. 计算机   C. 软件   D. 外设

21. 下面（　　）是计算机高级语言。

    A. Pascal   B. CAD   C. BASIC   D. C

22. 拨号入网条件有（　　）。

    A. 由 ISP 提供的用户名、注册密码   B. 打印机

    C. 一台调制解调器（Modem）   D. 网卡

23. 下列项中，属于多媒体硬件的有（　　）。

    A. 多媒体 I/O 设备   B. 图像   C. 语音编码   D. 视频卡

24. 下面一组文件中，不能在 Windows 环境下运行的文件是（　　）。

    A. PRO. com   B. PRO. bak   C. PRO. bat   D. PRO. sys

25. 不属于电子表格软件的有（　　）。

    A. WPS   B. AutoCAD   C. Excel   D. Word

26. 以下，（　　）软件属于系统软件。

    A. Windows   B. DOS   C. CAD   D. Java

27. 建立局域网，每台计算机应安装（　　）。

    A. 网络适配器   B. 相应的网络适配器的驱动程序

    C. 相应的调制解调器的驱动程序   D. 调制解调器

28. 下列项中，属于输出设备的有（　　）。

    A. 麦克风   B. 喇叭   C. 打印机   D. 扫描仪

29. 以下属于系统软件的有（　　）。

    A. Unix   B. DOS   C. CAD   D. Excel

30. 以下关于消除计算机病毒的说法中，正确的是（　　）。

    A. 专门的杀毒软件不总是有效的

    B. 删除所有带毒文件能消除所有病毒

    C. 若软盘感染病毒，则对其进行全面的格式化是杀毒的有效方法之一

    D. 要一劳永逸地使计算机不感染病毒，最好的方法是装上防病毒卡

31. 计算机网络的拓扑结构有（　　）。

    A. 星型   B. 环型   C. 总线型   D. 三角型

32. Windows 7 安装时，它要（　　）。

    A. 安装后不必重新启动计算机就可直接运行

    B. 搜索计算机的有关信息

C. 检测安装硬件并完成最后的设置

D. 将 Windows 7 系统解压复制到计算机

33. 计算机的 CPU 是指（　　）。

    A. 内存储器　　　　　　B. 控制器　　　　　　　C. 运算器　　　　　　　D. 加法器

34. 硬盘与软盘相比,硬盘具有（　　）的特点。

    A. 价格便宜　　　　　　B. 容量大　　　　　　　C. 速度快　　　　　　　D. 携带方便

35. DOS、Windows 操作系统对设备采用约定的文件名。下列名称中,（　　）属于设备文件名,它们不能作为文件夹名或文件主名。

    A. SYS　　　　　　　　B. CON　　　　　　　　C. COM　　　　　　　　D. PRN

36. 以下关于计算机发展史的叙述中,（　　）是正确的。

    A. 世界上第一台计算机是 1946 年在美国发明的,称 ENIAC

    B. ENIAC 是根据冯·诺依曼原理设计制造的

    C. 第一台计算机在 1950 年发明

    D. 世界上第一台投入使用的,根据冯·诺依曼原理设计的计算机是 EDVAC

37. 计算机病毒的特点是（　　）。

    A. 传播性　　　　　　　B. 潜伏性　　　　　　　C. 破坏性　　　　　　　D. 易读性

38. 下列叙述中正确的是（　　）。

    A. 硬盘中的文件也需要有备份　　　　　　B. 开机时应先开主机,然后开各外部设备

    C. 关机时应先关主机,然后关各外部设备　　D. 操作系统是计算机和用户之间的接口

39. 多媒体计算机的主要硬件必须包括（　　）。

    A. CD-ROM　　　　　　B. EPROM　　　　　　　C. 网卡　　　　　　　　D. 音频卡和视频卡

40. 下列软件中,（　　）属于网页制作工具。

    A. Photoshop　　　　　B. FrontPage　　　　　C. Dreamweaver　　　　D. Netscape

41. 将高级语言编写的程序编译成机器语言程序,采用的两种翻译方式是（　　）。

    A. 编译　　　　　　　　B. 解释　　　　　　　　C. 汇编　　　　　　　　D. 链接

42. 计算机网络的主要功能有（　　）。

    A. 网络通信　　　　　　B. 海量计算　　　　　　C. 资源共享　　　　　　D. 高可靠性

43. 多媒体信息不包括（　　）。

    A. 文本　　　　　　　　B. 图形　　　　　　　　C. 光盘　　　　　　　　D. 声卡

44. 防止非法拷贝软件的正确方法有（　　）。

    A. 使用加密软件对需要保护的软件加密

    B. 采用"加密狗"、加密卡等硬件

    C. 在软件中隐藏恶性的计算机病毒,一旦有人非法拷贝该软件,病毒就发作,破坏非法拷贝者磁盘上的数据

    D. 格保密制度,使非法者无机可乘

45. 计算机的启动方式有（　　）。

    A. 热启动　　　　　　　B. 复位启动　　　　　　C. 冷启动　　　　　　　D. 加电启动

46. 下列软件中,（　　）属于系统软件。

    A. CAD　　　　　　　　B. Word　　　　　　　　C. 汇编程序　　　　　　D. C 语言编译程序

47.下列选项中,属于多媒体输入设备的有(　　　)。
　　A.录像机　　　　　　　　B.光盘　　　　　　　C.绘图仪　　　　　　D.音响

48.Windows 7操作系统的新特点有(　　　)。
　　A.全新的 Windows 任务栏
　　B.更安全可靠
　　C.快速切换投影(Win＋P)
　　D.支持最新的 3G 移动宽带技术

49.TCP/IP 模型包括四层,即:链路层、网络层及(　　　)。
　　A.关系层　　　　　　　　B.应用层　　　　　　C.表示层　　　　　　D.传输层

50.下列关于计算机硬件组成的说法中,(　　　)是正确的。
　　A.主机和外设
　　B.运算器、控制器和 I/O 设备
　　C.CPU 和 I/O 设备
　　D.运算器、控制器、存储器、输入设备和输出设备

51.计算机病毒通常容易感染扩展名为(　　　)。
　　A..hlp　　　　　　　　　B..exe　　　　　　　C..com　　　　　　　D..bat

52.下列软件属于应用软件的有(　　　)
　　A.Unix　　　　　　　　　B.Word　　　　　　　C.汇编语言　　　　　D.C 语言源程序

53.下列计算机外围设备中,可以作为输入设备的是(　　　)。
　　A.打印机　　　　　　　　B.绘图仪　　　　　　C.扫描仪　　　　　　D.数字相机

54.磁盘格式化操作具有(　　　)等功能。
　　A.划分磁道、扇区　　　　　　　　　　　B.设定 Windows 版本号
　　C.复制 Office 软件　　　　　　　　　　D.建立目录区

55.在网上邻居的配置卡片中,列出了用户计算机上的(　　　)。
　　A.服务类型　　　　　B.适配器型号　　　　C.协议名称　　　　D.网络客户类型

56.可以作为计算机存储容量的单位是(　　　)。
　　A.字母　　　　　　　　　B.字节　　　　　　　C.位　　　　　　　　D.兆(字节)

57.Excel 的主要功能是(　　　)。
　　A.电子表格　　　　　　　B.文字处理　　　　　C.图表　　　　　　　D.数据库

58.多媒体技术发展的基础是(　　　)。
　　A.通信技术　　　　　　　B.数字化技术　　　　C.计算机技术　　　　D.操作系统

59.在 Windows 环境下,可用 A??.＊ 来表示的文件有(　　　)。
　　A.A12.doc　　　　　　　B.AAA.txt　　　　　　C.A1.bak　　　　　　D.A123.prg

60.局域网的拓扑结构最主要的有星型、(　　　)、(　　　)和树型。
　　A.总线型　　　　　　　　B.环型　　　　　　　C.链型　　　　　　　D.层次型

61.下列关于局域网拓扑结构的叙述中,正确的有(　　　)。
　　A.星型结构的中心站发生故障时,会导致整个网络停止工作
　　B.环型结构网络上的设备是串在一起的
　　C.总线结构网络中,若某台工作站故障,一般不影响整个网络的正常工作

D. 树型结构的数据采用单级传输, 故系统响应速度较快

62. 以下属于输出设备的有(　　　)。
　　A. 显示器　　　　　B. 鼠标　　　　　　C. CD-ROM　　　　D. 硬盘

63. 有关计算机外部设备的知识,(　　　)是正确的。
　　A. 喷墨打印机是击打式打印机
　　B. 键盘和鼠标器都是输入设备,它们的功能相同
　　C. 显示系统包括显示器和显示适配器
　　D. 光盘驱动器的主要性能指标是传输速度和纠错性能

64. 网络邻居提供在局域网内部的共享机制,允许不同计算机之间的(　　　)。
　　A. 文件复制　　　　B. 收发邮件　　　　　C. 共享打印　　　　D. 文件执行

65. 能将高级语言源程序转化成可执行程序的是(　　　)。
　　A. 调试程序　　　　B. 解释程序　　　　　C. 编译程序　　　　D. 编辑程序

66. 计算机网络可以分为(　　　)。
　　A. 局域网　　　　　B. Internet 网　　　　C. 广域网　　　　　D. 微型网

67. 在 Windows 附件中,下面叙述正确的是(　　　)。
　　A. 记事本中可以含有图形
　　B. 画图是绘图软件,不能输入汉字
　　C. 写字板中可以插入图形
　　D. 计算机可以将十进制整数转化为二进制或十六进制数

68. 下列设备中属于硬件的有(　　　)。
　　A. WPS、UCDOS、Windows　　　　　　　B. CPU、RAM
　　C. 存储器、打印机　　　　　　　　　　　D. 键盘和显示器

69. 下列有关软盘格式化的叙述中,正确的是(　　　)。
　　A. 只能对新盘做格式化,不能对旧盘作格式化
　　B. 只有格式化后的磁盘才能使用,对旧盘格式化会抹去盘中原有的信息
　　C. 新盘不作格式化照样可以使用,但格式化可以使磁盘的容量增大
　　D. 磁盘格式化将划分磁道和扇区

70. 下列有关电子邮件的说法中,正确的是(　　　)。
　　A. 电子邮件的邮局一般在接收方的个人计算机中
　　B. 电子邮件是 Internet 提供的一项最基本的服务
　　C. 通过电子邮件可以向世界上任何一个 Internet 用户发送信息
　　D. 电子邮件可发送的多媒体信息只有文字和图像

71. 下列说法中,正确的是(　　　)。
　　A. 计算机的工作就是执行存放在存储器中的一系列指令
　　B. 指令是一组二进制代码,它规定了计算机执行的最基本的一组操作
　　C. 指令系统有一个统一的标准,所有计算机的指令系统都相同
　　D. 指令通常由地址码和操作数构成

72. 无线传输媒体除常见的无线电波外,通过空间直线传输的还有三种技术(　　　)。
　　A. 微波　　　　　　B. 红外线　　　　　　C. 激光　　　　　　D. 紫外线

73. 微型计算机通常是由（　　）等几部分组成。

　　A. 运算器　　　　　　　B. 控制器　　　　　　　C. 存储器　　　　　　　D. 输入输出设备

74. 下列项中，属于多媒体存储设备的有（　　）。

　　A. 光盘　　　　　　　　B. 声像磁带　　　　　　C. 声卡　　　　　　　　D. 视频卡

75. 下列（　　）等软件是 Office 2010 的组件。

　　A. Notepad　　　　　　B. Outlook　　　　　　C. Internet Explore　　D. PowerPoint

76. 一个 IP 地址有三个部分组成，它们是（　　）。

　　A. 类别　　　　　　　　B. 网络号　　　　　　　C. 主机号　　　　　　　D. 域名

77. 完整的计算机硬件系统一般包括（　　）。

　　A. 外部设备　　　　　　B. 存储器　　　　　　　C. 中央处理器　　　　　D. 主机

78. 在下列关于 Windows 7 文件名的叙述中，正确的是（　　）。

　　A. 文件名中允许使用汉字　　　　　　　　　B. 文件名中允许使用多个圆点分隔符

　　C. 文件名中允许使用空格　　　　　　　　　D. 文件名中允许使用竖线"|"

79. 下列叙述中，正确的是（　　）。

　　A. 软盘驱动器既可作为输入设备，也可作为输出设备

　　B. 操作系统用于管理计算机系统的软、硬件资源

　　C. 键盘上功能键表示的功能是由计算机硬件确定的

　　D. PC 机开机时应先接通外部设备电源，后接通主机电源

80. 设 A 盘处于写保护状态，以下操作可以实现的有（　　）。

　　A. 将 A 盘中当前目录改为根目录　　　　　B. 格式化 A 盘

　　C. 将 A 盘文件 A.txt 改名为 B.yxt　　　　D. 将 A 盘文件 A.txt 打开

81. （　　）和（　　）的结合称为网络体系结构。

　　A. 层　　　　　　　　　B. 协议　　　　　　　　C. 通信子网　　　　　　D. 数据处理设备

82. 下列叙述中正确的有（　　）。

　　A. 在汉字系统中，我国国标汉字一律是按拼音排序的

　　B. 在 Word 中，不能进行分栏

　　C. 在 Word 文本中，一次只能定义唯一一个连续的文本块

　　D. 在用 Word 编辑文本时，若要删除文本区中某段文本的内容，可先选取该段文本，再按

　　　　"Del"键

83. 通常来说，影响汉字输入速度的因素有（　　）。

　　A. 码长　　　　　　　　B. 重码率　　　　　　　C. 是否有词组输入　　D. 有无提示行

84. 计算机语言的发展经历了（　　）、（　　）、（　　）。

　　A. 高级语言　　　　　　B. 汇编语言　　　　　　C. 机器语言　　　　　　D. 低级语言

85. 网络操作系统是管理网络软件、硬件资源的核心，常见的局域网操作系统有 Windows NT

　　和（　　）。

　　A. DOS　　　　　　　　B. Windows 98　　　　C. Netware　　　　　　D. Unix

三、判断题

1. 在 Windows 系统的各应用程序间复制信息是通过剪贴板来完成的。　　　　　　　　　（　　）

2. 字长是衡量计算机精度和运算速度的主要技术指标之一。　　　　　　　　　　　　　（　　）

3. 外存上的信息可直接进入 CPU 处理。 （　　　）

4. 十六字长的计算机是指能计算机 16 位十进制数的计算机。 （　　　）

5. 主频（或称时钟频率）是影响微机运算速度的重要因素之一。主频越高,运算速度越快。

（　　　）

6. CD-ROM 是一种可读可写的外存器。 （　　　）

7. 若一台微机感染了病毒,只要删除所有带毒文件,就能消除所有病毒。 （　　　）

8. 在 Internet 中域名不区分大小写。 （　　　）

9. 1991 年 5 月 24 日国务院颁布了《计算机软件保护条例》。 （　　　）

10. 一张标有 2HD 的 3.5 英寸软盘,格式化后其容量为 1.2MB。 （　　　）

11. Windows 的附件中提供了造字程序。 （　　　）

12. 操作系统是一种对所有硬件进行控制和管理的系统软件。 （　　　）

13. 与科学计算（或称数值计算）相比,数据处理的特点是数据输入输出量大,而计算相对简单。

（　　　）

14. 地址码提供操作的数据存取地址,这种地址称为操作数地址。 （　　　）

15. 二进制数的逻辑运算是按位进行的,位与位之间没有进位和借位的关系。 （　　　）

16. 在网络中交换的数据单元被称为报文分组或包。 （　　　）

17. E-mail 是指利用计算机网络及时地向特定对象传送文字、声音、图像或图形的一种通信方式。

（　　　）

18. 带宽是指一个信道的宽度。 （　　　）

19. CD-ROM 既可代表 CD-ROM 光盘,也可指 CD-ROM 驱动器。 （　　　）

20. 摩尔定律和曼卡夫定律揭示了当今社会需求和现代科技进步的规律,也为 Internet 的快速发展提供了科学依据。 （　　　）

21. 启动 Windows 的同时可以加载指定程序。 （　　　）

22. 计算机系统中的所有文件一般可以分为可执行文件和非可执行文件两大类,可执行文件的扩展名类型主要有 .exe 和 .com。 （　　　）

23. Windows 下不需安装相应的多媒体外部设备驱动程序就可以操作某种特定的多媒体任务文件。 （　　　）

24. 计算机病毒在某些条件下被激活之后,才开始起干扰破坏作用。 （　　　）

25. 随机存取存储器能从它所管理的任意的存储地址读出和存储内容,而且其存取时间基本是一定的。 （　　　）

26. 开机时先开显示器后开主机电源,关机时先关主机后关显示器电源。 （　　　）

27. 在 Internet 上,每一个电子邮件用户所拥有的电子邮件地址称为 E-mail 地址,它具有如下统一格式:用户名@主机域名。 （　　　）

28. 信道复用就是通信信道重复多次使用。 （　　　）

29. Windows 系统下,把文件放入回收站并不意味着文件一定从磁盘上清除了。 （　　　）

30. 40 倍速光驱的含义是指该光驱的速度为软盘驱动器速度的 40 倍。 （　　　）

31. 当发现病毒时,它们往往已经对计算机系统造成了不同程度的破坏,即使清除了病毒,受到破坏的内容有时也是很难恢复的。因此,对计算机病毒必须以预防为主。 （　　　）

32. 操作系统是计算机专家为提高计算机精度而研制的。 （　　　）

33. 计算机能直接执行的指令包括两个部分，它们是源操作数和目标操作数。（　　）

34. 在微型计算机中，通用寄存器的位数是 8 位。（　　）

35. 工作站是网络的必备设备。（　　）

36. AVI 是指音频、视频交互文件格式。（　　）

37. 在 Excel 中，可以选择一定的数据区域建立图表。当该数据区域的数据发生变化时，图表保持不变。（　　）

38. Windows 提供了一个基于图形的多任务、多窗口的操作系统。（　　）

39. 微型计算机就是体积很小的计算机。（　　）

40. 计算机中的字符，一般采用 ASCII 编码方案。若已知"H"的 ASCII 码值为 48H，则可推断出"J"的 ASCII 码值为 50H。（　　）

41. 软磁盘格式化时，被划分为一定数量的同心圆，软盘上最外圈的磁道是 1 磁道。（　　）

42. 主存储器和 CPU 均包含于处理器单元中。（　　）

43. 一个用户要想使用电子邮件功能，应当是自己的计算机通过网络得到网上一个 E-mail 服务器的服务支持。（　　）

44. 一台带有多个终端的计算机系统即称为计算机网络。（　　）

45. 由于盗版软件的泛滥，使我国的软件产业受到很大的损害。（　　）

46. Windows 7 和 DOS 操作系统一样，运行完毕后可直接关闭电源。（　　）

47. 在 Windows 7 中，当文件或文件夹被删除并放入回收站后，它就不再占用磁盘空间。（　　）

48. 汇编语言和机器语言都属于低级语言，但不是都能被计算机直接识别执行。（　　）

49. 运算器是完成算术和逻辑操作的核心处理部件，通常称为 CPU。（　　）

50. 关主机电源之前，应该先将软盘从驱动器中取出，以免其中的信息被破坏。（　　）

51. 冷启动和热启动的区别是主机是否重新启动电源以及是否对系统进行自检。（　　）

52. 计算机网络通信通常采用同步和异步两种方式。（　　）

53. 如果没有设置"Microsoft 网络上的文件与打印机共享"服务，则不允许局域网上的其他计算机访问本机的资源。（　　）

54. 如果一个文件的扩展名为 .exe，那么这文件必定是可运行的。（　　）

55. 在桌面上可以为同一个 Windows 应用程序建立多个快捷方式。（　　）

56. 电子表格软件是对二维表格进行处理并可制作成报表的应用软件。（　　）

57. 半导体动态 RAM 是易失的，而静态 RAM 存储的信息即使切断电源也不会丢失。（　　）

58. 计算机病毒也是一种程序，它能在某些条件下被激活并起干扰破坏作用。（　　）

59. 不同的计算机系统具有不同的机器语言和汇编语言。（　　）

60. 磁盘的存取速度比主存储器慢。（　　）

61. 设某字符的 ASCII 码十进制数值为 72，则其十六进制值为 48。（　　）

62. UNIX 是一种多用户单任务的操作系统。（　　）

63. 甲乙两台微机互为网上邻居，甲机把 C 盘共享后，乙机总可以存取修改甲机 C 盘上数据。（　　）

64. 附件中的记事本和写字板在功能上有很大的区别。（　　）

65. 各种存储器的性能可以用存储时间、存储周期、存储容量 3 个指标表述。（　　）

66. 分辨率是计算机中显示器的一项重要指标,若某显示器的分辨率为 1024×768,则表示其屏幕上的总像素个数是 1024×768。 （　　）

67. WWW 服务器使用统一资源定位器 URL 编址机制。 （　　）

68. 超媒体就是节点加多媒体信息。 （　　）

69. 计算机通信协议中的 TCP 称为传输控制协议。 （　　）

70. 计算机能够自动、准确、快速地按人们的意图进行运行的最基本思想是存储程序和程序控制,这个思想是图灵提出来的。 （　　）

71. Windows 中,后台程序是指被前台程序完全覆盖了的程序。 （　　）

72. ROM 是只读存储器,其中的内容只能读出一次,下次再读就读不出来了。 （　　）

73. 用计算机机器语言编写的程序可以由计算机直接执行,用高级语言编写的程序必须经过编译才能执行。 （　　）

74. 在多级目录结构中,不允许文件同名。 （　　）

75. 集成性和交互性是多媒体技术的特征。 （　　）

76. XEUNIX 操作系统是一种多用户操作系统。 （　　）

77. 系统文件一定以 SYS 为扩展名。 （　　）

78. Windows 的开始菜单不能进行自定义。 （　　）

79. 3.5 英寸的软盘没有写保护口,当滑动保护片不盖住保护口时,软盘就被写保护了。 （　　）

80. 操作系统功能包括进程管理、存储管理、设备管理、作业管理和文件管理。 （　　）

81. 计算机系统的资源是数据。 （　　）

82. 帧是两个数据链路实体之间交换的数据单元。 （　　）

83. FTP 是 Internet 中的一种文件传输服务,它可以将文件下载到本地计算机中。 （　　）

84. 局域网传输介质一般采用同轴电缆或双绞线。 （　　）

85. 在 PowerPoint 幻灯片中,将涉及其组成对象的种类以及对象间相互位置的问题称为版式设计。 （　　）

86. 在 Windows 中,用户可以对磁盘进行快速格式化,但是被格式化的磁盘必须是以前做过格式化的磁盘。 （　　）

87. 高速缓存存储器(Cache)用于 CPU 与主存储器之间进行数据交换的缓冲。其特点是速度快,但容量小。 （　　）

88. 操作码提供的是操作控制信息,指明计算机应执行什么性质的操作。 （　　）

89. 局域网常见的拓扑结构有星型、总线型和环型结构。 （　　）

90. 在局域网中的各个节点中的计算机都应在主机扩展槽中插有网卡,网卡的正式名称是终端适配器。 （　　）

91. 计算机中用来表示内存储容量大小的最基本单位是位。 （　　）

92. 操作系统是合理地组织计算机工作流程、有效地管理系统资源、方便用户使用的程序集合。 （　　）

93. 所谓互联网,指的是将同种类型的网络及其产品相互联结起来。 （　　）

94. 互联网是通过网络适配器将各个网络互联起来的。 （　　）

95. 磁盘的根目录只有一个,用户可以自行定义。 （　　）

96. 程序一定要装到内存储器中才能运行。 （　　）

97. 在计算机网络中，"带宽"这一术语表示数据传输的宽度。　　　　　　（　　　）

98. 1000KB 称为 1MB。　　　　　　　　　　　　　　　　　　　　　　（　　　）

99. 剪贴板的内容只能被其他应用程序粘贴，不能予以保存。　　　　　　（　　　）

100. 电子计算机的发展已经经历了四代，每一代的电子计算机都不是按照存储程序和程序控制原理设计的。　　　　　　　　　　　　　　　　　　　　　　　（　　　）

101. 1MB 的存储空间最多可存储 1024K 汉字的内码。　　　　　　　　　（　　　）

102. 在 Internet 中域名与域名之间加";"分隔。　　　　　　　　　　　　（　　　）

103. 多媒体的实质是将不同形式存在的媒体信息（文本、图形、图像、动画和声音）数字化，然后用计算机对它们进行组织、加工并提供给用户使用。　　　　　　　　　（　　　）

104. 若一台计算机的字长为 4 个字节，这意味着它能处理的字符串最多为 4 个英文字母组成。　　　　　　　　　　　　　　　　　　　　　　　　　　　　　　（　　　）

105. 计算机语言分类为 2 类：即低级语言和高级语言。　　　　　　　　　（　　　）

106. 任何存储器都有记忆功能，其中的信息不会丢失。　　　　　　　　　（　　　）

107. 任何连入局域网的计算机或服务器相互通信时必须在主机上插入一块网卡。（　　　）

108. 字长是指计算机能直接处理的二进制信息的位数。　　　　　　　　　（　　　）

109. 软件测试是为证明程序是否正确。　　　　　　　　　　　　　　　　（　　　）

110. 操作系统把刚输入的数据或程序存入 RAM 中，为防止信息丢失，用户在关机前，应先将信息保存到 ROM 中。　　　　　　　　　　　　　　　　　　　　　（　　　）

111. 为了能在网络上正确地传送信息，制定了一整套关于传输顺序、格式、内容和方式的约定，称为通信协议。　　　　　　　　　　　　　　　　　　　　　　　（　　　）

112. 局域网的信息传送速率比广域网高，所以其传送误码率也比广域网高。（　　　）

113. Windows 用 AVI 格式来存储视频文件。　　　　　　　　　　　　　（　　　）

114. 计算机内所有的信息都是以十六进制数码形式表示的，其单位是比特（bit）。（　　　）

115. Windows 本身不需要 CONFIG. sys 文件和 AUTOEXEC. bat 文件。　（　　　）

116. 在 Windows 中，屏幕保护程序是为降低硬盘的功耗。　　　　　　　（　　　）

117. 指令与数据在计算机内是以 ASCII 码进行存储的。　　　　　　　　（　　　）

118. 辅助存储器用于存储当前不参与运行或需要长久保存的程序和数据。其特点是存储容量大、价格低，但与主存储器相比，其存取速度较慢。　　　　　　　　　　（　　　）

119. 计算机的内存容量是指主板上随机存储器的容量的大小。　　　　　（　　　）

120. Windows 支持面向对象的程序设计。　　　　　　　　　　　　　　　（　　　）

121. 宏病毒可以感染 Word 或 Excel 文件。　　　　　　　　　　　　　　（　　　）

122. 磁盘既可作为输入设备又可作为输出设备。　　　　　　　　　　　　（　　　）

123. 文件传输和远程登录都是互联网上的主要功能之一，它们都需要双方计算机之间建立通信联系，两者的区别是文件传输只能传输文件，远程登录则不能传递文件。　（　　　）

124. 计算机职业道德包括不应该复制或利用没有购买的软件，不应该在未经他人许可的情况下使用他人的计算机资源。　　　　　　　　　　　　　　　　　　　　　（　　　）

125. 在 Windows 环境下，打印机的安装和设置必须在安装 Windows 时一次完成。（　　　）

126. 计算机系统是由 CPU、存储器、输入设备组成。　　　　　　　　　　（　　　）

127. 用计算机机器语言编写的程序可以由计算机直接执行，用高级语言编写的程序必须经过

编译(或解释)才能执行。 （　　）

128. CIH 病毒能够破坏任何计算机主板上的 BIOS 系统程序。 （　　）

129. 分时操作系统允许 2 个以上的用户共享一个计算机系统。 （　　）

130. 在安装 Windows 过程中，可以不创建 Windows 的启动盘。 （　　）

131. 外存上的信息可以直接进入 CPU 处理。 （　　）

132. 计算机指令是 CPU 进行操作的命令。 （　　）

133. 微型机系统是由 CPU、内存储器和输入输出设备组成的。 （　　）

134. DVD 是一种输出设备。 （　　）

135. 在 Windows 7 环境下，文本文件只能用记事本打开，不能用 Word 打开。 （　　）

136. 软盘驱动器属于主机，软盘属于外设。 （　　）

137. 常用字符的 ASCII 码值从小到大的排列规律是：空格、阿拉伯数字、小写英文字母、大写英文字母。 （　　）

138. 已知一个十六进制数为(8AE6)其二进制数表示为(1000101011100110)。 （　　）

139. 计算机只要安装了防毒、杀毒软件，上网浏览就不会感染病毒。 （　　）

140. 汇编语言之所以属于低级语言是由于用它编写的程序执行效率不如高级语言。 （　　）

141. 若一张软盘上没有可执行文件，则不会感染病毒。 （　　）

142. 调制解调器的主要功能是实现数字信号的放大与整形。 （　　）

143. MIDI 文件和 WAV 文件都是计算机的音频文件。 （　　）

144. 工作簿是 Excel 中存储电子表格的一种基本文件，其系统默认扩展名为 .xlsx。 （　　）

145. 对软盘进行完全格式化也不一定能消除软盘上的计算机病毒。 （　　）

146. 获得 Web 服务器支持后，可以将制作好的站点发布到 Web 服务器上。把站点发布到 Web 服务器实际上就是将站点包含的所有网页复制到 Web 服务器上。 （　　）

147. ASCII 码是条件码。 （　　）

148. 在 Windows 中，嵌入和链接是有区别的，对于嵌入对象的修改涉及嵌入对象及其原件，而对链接对象的修改只涉及链接对象本身。 （　　）

149. ROM 中存储的信息断电即消失。 （　　）

150. Internet 上有许多不同的复杂的网络和许多不同类型的计算机，它们之间互相通信的基础是 TCP/IP 协议。 （　　）

151. 从磁盘根目录开始到文件所在目录的路径，称为相对路径。 （　　）

152. Windows 工作的某一时刻，桌面上总有一个对象处于活动状态。 （　　）

153. 32 位字长的计算机就是指能处理最大为 32 位十进制数的计算机。 （　　）

154. Homepage 是用超文本标记语言(HTML)编写的文本。 （　　）

155. 标准 ASCII 码在计算机中的表示方式为一个字节，最高位为"0"，汉字编码在计算机中的表示方式为一个字节，最高位为"1"。 （　　）

156. Windows 的桌面外观可以根据爱好进行更改。 （　　）

157. 键盘和显示器都是计算机的 I/O 设备，键盘为输入设备，显示器为输出设备。 （　　）

158. 操作系统的存储管理是指对磁盘存储器的管理。 （　　）

159. 键盘是输入设备，但显示器上所显示的内容既有计算机运行的结果也有用户从键盘输入的内容，所以显示器既是输入设备又是输出设备。 （　　）

160. 具有调制和解调功能的装置称为路由器。 （　　）
161. 在 Windows 中，利用安全模式可以解决启动时的一些问题。 （　　）
162. Windows 各应用程序间复制信息可以通过剪贴板完成。 （　　）
163. 指令是计算机用以控制各部件协调动作的命令。 （　　）
164. 八进制数 126 对应的十进制数是 86。 （　　）
165. 不支持即插即用的硬件设备不能在 Windows 环境下使用。 （　　）
166. Java 语言指超文本标记语言。 （　　）
167. 网络协议是用于编写通信软件的程序设计语言。 （　　）
168. 根据计算机网络覆盖地理范围的大小，网络要分为广域网和以太网。 （　　）
169. 摩尔定律是 Intel 公司创始人摩尔于 20 世纪 70 年代提出的。 （　　）
170. 在 Windows 中，一个应用程序窗口被最小化后，该应用程序将被终止执行。 （　　）
171. 网关具有路由器的功能。 （　　）
172. 以太网的通信协议是 TCP/IP 协议。 （　　）
173. 在计算机内部用于存储、交换、处理的汉字编码叫做机内码。 （　　）
174. RAM 中的信息既能读又能写，断电后其中的信息不会丢失。 （　　）
175. Windows 对等网上，所有打印机、CD－ROM 驱动器、硬盘驱动器、软盘驱动器都能共享。 （　　）
176. 在 Excel 中，当数字格式代码定义为"＃＃＃＃.＃＃"，则 1234.529 显示为 1234.53。 （　　）
177. 只要运算器具有加法和移位功能，再增加一些控制逻辑，计算机就能完成各种算术运算。 （　　）
178. 对重要程序或数据要经常备份，以便感染上病毒后能够得到恢复。 （　　）
179. 声卡也称为音频卡。 （　　）
180. 磁盘的工作受磁盘控制器的控制，而不受主机的控制。 （　　）
181. 放像机可播放多媒体节目，故放像机称为多媒体机。 （　　）
182. Windows 的安装盘只有 CD-ROM 光盘一种类型。 （　　）
183. Windows 提供了多种启动方式。 （　　）
184. 高级算法语言是计算机硬件能直接识别和执行的语言。 （　　）
185. Windows 本身不带有文字处理程序。 （　　）
186. 计算机的所有计算都是在内存中进行的。 （　　）

参考答案

一、单选题

1. C　2. C　3. B　4. D　5. B　6. B　7. C　8. A　9. D　10. A　11. B　12. C　13. D

14. B　15. D　16. C　17. A　18. C　19. A　20. A　21. B　22. C　23. D　24. A

25. B　26. B　27. C　28. C　29. D　30. C　31. D　32. C　33. C　34. B　35. C

36. B　37. C　38. A　39. A　40. A　41. D　42. D　43. A　44. C　45. B　46. D

47. D　48. A　49. D　50. A　51. B　52. D　53. B　54. C　55. B　56. A　57. A

58. B　59. C　60. A　61. C　62. D　63. A　64. B　65. D　66. C　67. B　68. B

69. B　70. C　71. B　72. B　73. B　74. A　75. A　76. C　77. C　78. C　79. D

80. D　81. A　82. B　83. B　84. D　85. B　86. D　87. D　88. B　89. C　90. A

91. B　92. D　93. C　94. B　95. D　96. B　97. A　98. B　99. D　100. B　101. D

102. D　103. D　104. A　105. A　106. B　107. A　108. C　109. A　110. D　111. B

112. A　113. D　114. D　115. B　116. A　117. A　118. D　119. B　120. D　121. D

122. D　123. D　124. A　125. C　126. B　127. C　128. D　129. C　130. D　131. D

132. A　133. C　134. D　135. D　136. C　137. C　138. B　139. D　140. B　141. C

142. B　143. D　144. D　145. B　146. B　147. D　148. A　149. A　150. C　151. D

152. C　153. A　154. C　155. D　156. D　157. A　158. C　159. D　160. D　161. D

162. C　163. C　164. D　165. A　166. D　167. A　168. B　169. A　170. D　171. C

172. B　173. D　174. A　175. B　176. A　177. C　178. A　179. A　180. B　181. B

182. A　183. C　184. D　185. C　186. D　187. A　188. B　189. A　190. D　191. B

192. C　193. A　194. C　195. B　196. B　197. C　198. C　199. C　200. C　201. A

202. A　203. A　204. B　205. C　206. D　207. A　208. C　209. A　210. C　211. D

212. A　213. B　214. B　215. C　216. D　217. C　218. A　219. D　220. A　221. B

222. B　223. C　224. C　225. D

二、多选题

1. CD　2. AD　3. ABC　4. ABCD　5. ABCD　6. ACD　7. ABCD　8. ABC　9. AB

10. ABC　11. BC　12. AC　13. AC　14. BD　15. BCD　16. BD　17. BD　18. BCD

19. BC　20. AB　21. ACD　22. AC　23. AD　24. ABCD　25. ABD　26. AB　27. AB

28. BC　29. AB　30. AC　31. ABC　32. ABC　33. BC　34. BC　35. BD　36. AB

37. ABC　38. ACD　39. AD　40. BC　41. AB　42. AC　43. CD　44. ABD　45. ABCD

46. CD　47. AB　48. ABCD　49. BD　50. AD　51. BC　52. BD　53. CD　54. AD

55. ABCD　56. BD　57. AC　58. ABC　59. AB　60. AB　61. ABC　62. AC　63. CD

64. ACD　65. BC　66. AC　67. CD　68. BCD　69. BD　70. BC　71. BD　72. ABC

73. ABCD　74. AB　75. BD　76. ABC　77. AD　78. ABC　79. ABD　80. AD

81. AB　82. CD　83. ABC　84. CBA　85. CD

三、判断题

1. √ 2. √ 3. × 4. × 5. √ 6. × 7. × 8. √ 9. √ 10. × 11. √ 12. × 13. ×

14. √ 15. × 16. √ 17. √ 18. × 19. √ 20. √ 21. √ 22. √ 23. √ 24. √

25. × 26. √ 27. √ 28. × 29. √ 30. × 31. √ 32. × 33. √ 34. √ 35. ×

36. √ 37. × 38. √ 39. × 40. √ 41. × 42. × 43. √ 44. × 45. √ 46. ×

47. × 48. √ 49. × 50. × 51. √ 52. √ 53. √ 54. √ 55. √ 56. √ 57. ×

58. √ 59. √ 60. √ 61. √ 62. × 63. × 64. √ 65. √ 66. √ 67. √ 68. √

69. √ 70. × 71. × 72. × 73. √ 74. × 75. √ 76. √ 77. × 78. × 79. ×

80. √ 81. × 82. √ 83. √ 84. √ 85. √ 86. √ 87. √ 88. √ 89. √ 90. ×

91. × 92. √ 93. × 94. × 95. × 96. √ 97. × 98. × 99. √ 100. × 101. ×

102. × 103. √ 104. √ 105. √ 106. × 107. √ 108. √ 109. √ 110. × 111. √

112. × 113. √ 114. × 115. × 116. × 117. × 118. √ 119. √ 120. √ 121. √

122. √ 123. √ 124. √ 125. × 126. × 127. √ 128. √ 129. √ 130. √ 131. ×

132. √ 133. √ 134. × 135. × 136. × 137. √ 138. √ 139. √ 140. √ 141. √

142. × 143. √ 144. √ 145. √ 146. √ 147. √ 148. √ 149. × 150. √ 151. √

152. √ 153. × 154. √ 155. √ 156. √ 157. √ 158. √ 159. √ 160. √ 161. √

162. √ 163. × 164. √ 165. × 166. × 167. × 168. × 169. √ 170. × 171. ×

172. × 173. √ 174. × 175. √ 176. √ 177. √ 178. √ 179. √ 180. × 181. ×

182. × 183. √ 184. × 185. × 186. ×

参考文献

[1] http://www.zjccet.com/（浙江省高校计算机教育考试网）

[2] 胡维华主编.计算机应用基础案例教程.杭州:科学出版社,2008.8

[3] 黄林国主编.大学计算机二级考试应试指导（办公软件高级应用）.北京:清华大学出版社,2010.5

[4] 周柏清主编.大学信息技术基础——能力本位教程.北京:原子能出版社,2009.6

[5] 麓山文化编著.Windows 7 完全掌控.北京:希望电子出版社,2010.6

[6] 卞诚君编著.完全掌握 Office 2010 高效办公超级手册.北京:机械工业出版社,2011.4

教师反馈表

感谢您一直以来对浙大版图书的支持和爱护。为了今后为您提供更好、更优秀的计算机图书，请您认真填写下面的意见反馈表，以便我们对本书做进一步的改进。如果您在阅读过程中遇到什么问题，或者有什么建议，请告诉我们，我们会真诚为您服务。如果您有出书需求，以及好的选题，也欢迎来电来函。

填表日期：＿＿年＿＿月＿＿日

教师姓名			所在学校名称				院　系	
性　　别	□男 □女		出生年月		职　务		职　称	
联系地址					邮　编		办公电话	
					手　机		家庭电话	
E-mail					QQ/MSN			

您是通过什么渠道知道本书的
□书店　　□经人推荐　　□网站介绍　　□图书目录　　□其他＿＿＿＿＿

您从哪里购买本书的
□书店　　□网站　　□邮购　　□学校统一订购□其他＿＿＿＿＿

您对本书的总体感觉是
□很满意　□满意　　□一般　　□不满意　　原因＿＿＿＿＿＿＿＿

具体来说，您觉得本书的封面设计　　□很好 □还行 □不好 □很差＿＿＿＿＿＿
　　　　　　您觉得本书的纸张及印刷　　□很好 □还行 □不好 □很差＿＿＿＿＿＿

您觉得本书的技术含量　□很高 □还可以 □一般 □很低 □极低
您觉得本书的内容设置　□很好 □还可以 □一般 □不太好 □很差
您觉得本书的实用价值　□很高 □还可以 □一般 □很低 □极低

目前主要教学专业、科研领域方向

	主授课程	教材及所属出版社	学生人数	教材满意度
课程一：				□满意　□一般　□不满意
课程二：				□满意　□一般　□不满意

教学层次：　□中职中专　□高职高专　□本科　□硕士　□博士 其他：＿＿＿＿＿＿

希望我们与您经常保持联系的方式（划√）	□电子邮件信息　□定期邮寄书目　□定期电话咨询 □定期登门拜访　□通过教材科联络　□通过编辑联络

教材出版信息

方向一		□准备写 □写作中 □已成稿 □已出版 □有讲义
方向二		□准备写 □写作中 □已成稿 □已出版 □有讲义

填表说明：本表可以直接邮寄至：杭州市天目山路 148 号浙江大学西溪校区内浙江大学出版社理工事业部
联系人：马海城　　电话:0571－88216137　　手机:15158859157　　传真:0571－88925590
　　　　吴昌雷　　电话:0571－88273342　　手机:13675830904　　E-mail：changlei_wu@zju.edu.cn